U0142271

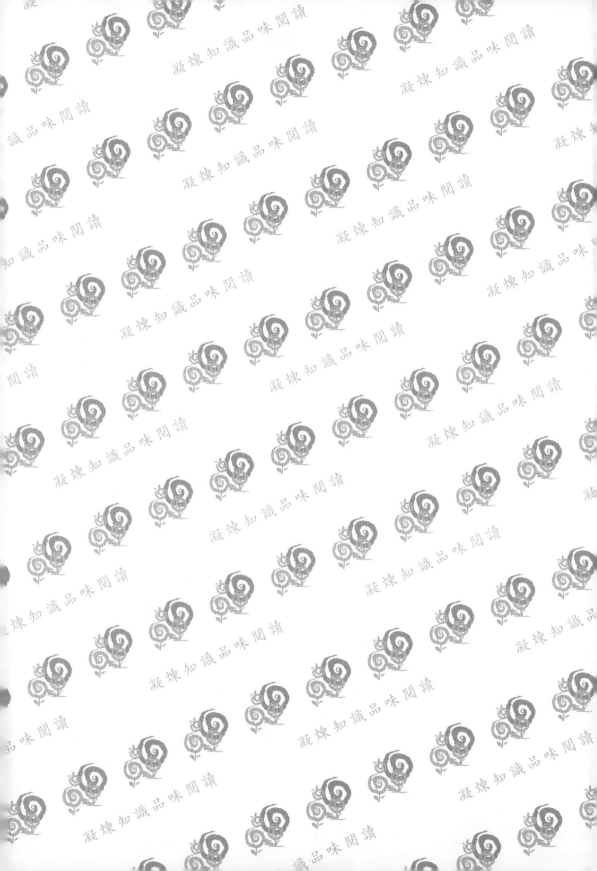

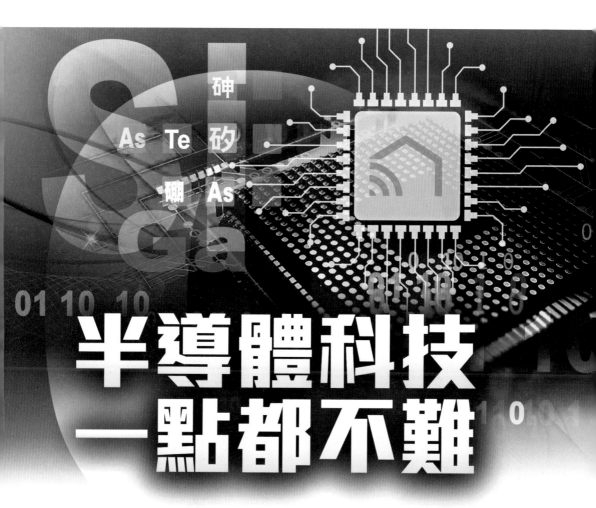

半導體科技
一點都不難

有趣實驗帶你認識生活中的半導體

五南圖書出版公司 印行

推薦序1

　　很榮幸地向大家介紹《半導體科技一點都不難》，施惠老師其實是內子的大姊，我們自年輕至今相識多年，我一直非常認同施老師一生為推動臺灣自然科學實驗教學所做的努力，因此「內舉不避親」作序推薦。

　　這本書除了以深入淺出的方式，幫助大家輕鬆認識現代最重要的生活科技之外，也是第一本可以讓師生們從中教學相長，學會「自然科學理論和實際生活結合」的書，更是一本非常好的自然科學實驗參考書。自然科學涉及廣泛，舉凡研究物質世界的一切「因為」、「所以」，探究過程中要針對問題大膽假設，還須小心地以實驗求證。

　　我從小學到大學唸書的時候，學校就從不重視自然科學的實驗，因為聯考不考。日後在國外唸研究所時，研究論文卻需要以實驗為基礎，這才開始體驗到實驗的重要性。自然科學原本就是歸納自然現象，再整理出一套原則來解釋這些現象的。若是不懂得做實驗，就只能把別人歸納出的原則，以邏輯推理的方式導出另一套希望是有說服力的結論，這種方式能發揮的空間很受限制。只有自己動手做別人沒有做過的實驗，纔能有實際的體驗、深刻的認知、靈活的探討、以及獨特的貢獻。在我開始著手論文實驗時，發現國外的學生在做實驗方面，思路和操作都比我靈活得多，更讓我深深體會到實驗的重要性。

　　施老師的這本書正可以補足我自己學習過程中欠缺的地方。此外隨著年齡增長，我也體會到自己使用電腦和智慧手機的能力不如年輕人，最大的原因是他們從小就開始接觸、探索、和使用。早期的經驗與磨練造就了日後的得心應手，這也再次應證了從小培養實驗能力的功效。

　　我的一輩子職業生涯都是在半導體領域，因而對這行業難免有一份情感，總希望有更多優秀的年輕人投入這領域。這本書正是可以幫助學生從小就開始認識半導體，大學以後就容易有興趣進入這行業。據我所知，施老師一生從事教育工作，特別是著重於自然科學的實驗教育。而她針對生活中半導體的這部分研究，卻是在臺灣應用材料公司的資助下完成的，感謝臺灣應材做了一件對業界很有幫助的事。

　　半導體元件能夠在電子產品中扮演那麼關鍵性的角色，主要是它有幾個特性：可以控制單向電流、可以當開關和能夠放大信號。此外加上它還有光電能轉換的特性，可以做出兩極發光體（LED）和太陽能電池。施老師在這本書中所介紹的實驗，涵蓋了所有這幾項重要特性，很完整的讓學生對半導體最基本的特性深深植入心中。施老師的實驗設計都和日常生活所需有關，易學易懂，需要的材料都可以輕易取得，費用不高，接線也容易，是很好的科普教材。以「電晶體音樂IC實驗」為例，施老師用簡單普遍又廉價的元件，以最容易懂的擴音效果，很清楚的顯示出電晶體具有放大信號的重要功能。

　　施老師的教學生涯一直是以科學實驗為主，這是我個人接受的教育過程中最應該加強的部分。這領域可供參考的教材不多，她的實驗差不多全是她自己設計出來的，有她獨特的風格，又能和日常生活接軌，簡單易懂。印象中每次和她見面時，話題都離不開科學實驗。我們討論過光的折射、波的干涉、星球的運行軌

道，充份感受到她對自然現象的熱愛。半導體是門特別的科技，原本不是她的專長，但有天她告訴我，她接了臺灣應材的推廣半導體項目。我從介紹她閱讀半導體入門的書籍開始，直到她設計出一系列的實驗爲止，原本如果她開口要求，我應該可以輕易提供一些幫助；但事實上我卻只看到她的獨立認眞和賣力執著的過程，爲此相當敬佩與感動！我曾經感慨的對內子說：羨慕大姊一輩子爲理想和興趣而努力，而我卻只是爲著生活和職責而工作。

　　我很榮幸的向大家介紹，這本書除了以實驗的方式有效地幫助大家認識生活中的半導體之外，更是一本可以扶植學生「自然科學理論和實際生活結合」能力的好書。

蔣尚義

前台積電共同營運長、鴻海集團半導體策略長

2024年2月1日

推薦序2

半導體技術在現代科技應用、產業發展和社會進步中扮演著至關重要的角色。無論是智能手機、電腦，還是自動駕駛汽車和人工智能系統，這些高科技產品無一不依賴於半導體、電晶體、和積體電路等的應用。半導體產業的蓬勃發展，不僅推動了電子產品的性能提升和成本下降，還催生了無數新興產業，為經濟增長注入了強大動力。同時，半導體技術的進步也極大地改變了我們的生活方式，提高了社會生產力，促進了全球範圍內的科技交流與合作。

我和施教授相識已久，她在推展科學教育方面的投入和奉獻，給我留下了深刻的印象。多年來我有幸見證她在這一領域的不懈努力與持續創新。她不僅在課堂上引導學生進行科學探究，還積極參與師資培訓，致力於教科書的撰寫和科普推廣的工作。施教授多年來在科學教育領域的深耕，不僅為她帶來了豐富的教學經驗，也養成了她勤奮好學以及熱愛科學探究和動手實驗的習慣。她將這種親身的學習經驗貫徹到本書的撰寫。

《半導體科技一點都不難》一書，以電晶體為核心，將半導體科技與科學實驗設計交織，構建出一條通往體認現代科技世界的橋樑。不同於介紹最尖端科技產品的書籍，施教授選擇從探索科學現象、原理和科技發展史的角度出發，帶領讀者一步步認識半導體的基本概念、研發過程及其廣泛應用。本書每一章節的構思

和鋪陳，皆經過悉心設計，運用合適的學習理論和教學策略，不僅能夠引發學習者的興趣、疑問和好奇，鼓勵同學之間的合作與討論，更能幫助讀者對自己的學習加以反思，在已有的基礎上獲得新的理解與啓發。

　　本書內容深入淺出，適合國小高年級至社會各界人士閱讀。無論是對科學懷有濃厚興趣的學生，中小學教師，還是希望拓展知識的成人，都能從書中發現到一些身邊習以爲常的器具，其實背後隱藏著許多甚具啓發與樂趣的細節。施教授以平易近人的語言，結合實際生活中的例子，使得複雜的科學理論和科技發明變得生動有趣，易於理解。這種寫作風格，不僅讓科技知識和產品變得與人親近，也激發了讀者對科學探究和技術應用的興趣與熱情。

　　總之，《半導體科技一點都不難》是一本兼具知識性與趣味性的好書。雖然書中探討的對象有其限制，但有鑑於跨領域學習在當今社會變得愈加重要，技術、工程、藝術、數學、科學等領域的綜合學習，不僅能夠培養學生表達、溝通、合作等多方面的能力，還能激發他們的創造力和解決問題的能力。藉由本書，盼能引發讀者進一步對跨領域學習的興趣與關注。

郭重吉

前國科會科教處處長、國立彰化師範大學 榮譽教授

2024年

推薦序3

早在認識施教授以前，我已經認識了她的女兒，因為是高中同學三年。也認識了她的兒子，因為他是年輕幾屆的國中部學弟，在後來的校友會理監事中，共同為了母校而貢獻所長。

有一次的校友會理監事會議與學弟閒聊時，得知施教授在給中小學老師開課教電子學、半導體的科普知識。剛好當時我與幾位教授合著了一本半導體方面簡介的書，我負責的章節恰巧是半導體的基礎知識。於是就央請學弟將該書轉交給施教授，希望它能有所幫助，可以做為施教授教學時的參考資料。

過了幾年，這學期初施教授透過LINE來信表達，她將最近幾年的教材寫成一本書，希望對於這本書的文稿我能給一些意見。對於這十幾章的文稿，我打開其中一篇看了一下，就發現這是寶藏，一定要從頭到尾仔細地看，才不會辜負施教授的心意。在學期繁忙的節奏中，一直找不到合適的時間專心閱讀。於是拖到學期結束，即將過年。對施教授非常不好意思。

為什麼說這本書是寶藏呢？因為施教授是教學的專家，然後她自己以身作則，將電子學、半導體等入門知識從頭學起，然後轉化成一個又一個有趣的實作例子。讀者不需要有相關的先備知識，就能一窺電子學、半導體領域的知識寶山。

更難能可貴的是，施教授所用的例子，完全是日常生活中唾手可得的家電用品或玩具。所以，這本書也可以當做是解釋玩具、

家電運作原理的小百科。我可以作證，我教學現場遇到的電機領域的大學生，也不見得瞭解這些「家電物理」。這並不表示這些原理很難懂，而是缺乏像這樣的書能夠帶領讀者一步一步地、卻又簡單易懂地解釋與分析。

書中的這些例子，也是施教授在教學現場實作的紀錄，並不是天馬行空的範例。所以讀者可以放心地把施教授當做導遊，引領讀者在電子學、半導體知識國度裏遨遊不迷路。

在科技發展的先端，相關知識發展的速度永遠快過書本的出版，所以用書來介紹尖端知識，常常出版沒有多久，內容就過時了。但是基礎、入門知識變動不大，寫書來傳播知識，是最佳的管道。理應有不少這樣的書。但是實際上，這樣的書，非常少；寫得讓讀者容易理解的，更是鳳毛麟角。現在讀者手上的，正是這樣的一本書。期待讀者也像筆者一樣，有著發現寶藏的雀躍心情。

陳念波

元智大學電機系助理教授，2024年

寫在書前

　　我們臺灣今日最重要的產業，就是以晶圓代工領頭的半導體大軍，當年的執政高層明見千里，克服萬難壘築護國神山，歷經四十餘年銳意進取、屢創新猷，如今已經獨居全球領導地位，更是國家的經濟命脈所繫。

　　然而歷史告訴我們：產業生命有其週期，要想持盈保泰必須投入大量資源不斷研發，以期與時俱進、日新又新。

　　眾所皆知科學園區的工作待遇優渥，是無數理工科學子就業的首選目標，過去臺灣的高等教育，在這方面的人才培育可說是不遺餘力，也著實獲致豐碩的成果，然而放眼未來，這種只重視產發專業人才的培育方式，是否足夠應付全球日益高度E化的挑戰？

　　臺灣被媒體形容為矽晶之島，各個科技先進國家提到臺灣，幾乎都跟晶圓代工畫上等號，可是我們的同胞普遍不認識半導體，容我點出這其中隱藏的危機：如果沒有做好認識半導體的全民教育，在不久的將來，勢必面臨產業多元化所需的人資斷層。

　　半導體電子時代的來臨，使人類文明呈現跳躍式的快速成長與改變，我們何其有幸生逢其時見證此事，感恩之餘，身為一名投身科學教育半世紀的老兵，反思自己還能貢獻什麼？從新竹教育大學屆齡退休之後，我並沒有放下教學和研究的工作，發現了半導體基礎知識入門的重要性，以臺灣的現狀而論，只有在大學的

相關科系才開設正式課程，而在諸多先進國家，卻早已向下紮根到中小學課程之中。

有鑑於此，就展開了研究調查，發現這種課程和STEAM教育最爲契合，再藉由自己所擅長的「教材與教法」切入，將電子學和半導體從頭學習起，發現只有這樣，才能夠把這一門看似高深的專業學問，科普給社會大眾，並且能夠帶進校園。

我們的科學種子教師營，利用暑假向國中小教師們介紹生活中的半導體，同時也研習國民中小學自然與生活科技的銜接課程。由2012年開始到2019年歷經八年。這樣的研習課程由生命樹協會主辦；新竹科學園區臺灣應用材料公司贊助；FM96.7環宇廣播電臺、新竹市虎林國小協辦。

但願臺灣人引以自豪的，不但有這樣的明星產業，我們的孩子也能夠認識這一門明星學科的科普知識，讓矽晶之島這塊「晶字招牌」永續發亮發光。

爲成此書，我以高齡挑戰重新學習，將自己歸零爲一名電學素人，努力搜集坊間能買到的實體書籍，大量閱讀之後建立先備知識，然後上網反復跟隨相關開放課程，於重點及不甚明白處皆勤加筆記，才能藉此具體而有效率地請教專家，務必力求「知之爲知之」。

多年科學教育工作，讓我養成了一個工作的好習慣，只要將科學理論理解之後，立即開起實驗模式來檢驗以深化學習。初步預定以「生活中的半導體」爲探究目標，經由課程設計，先落實到師資培育課程之中，再推廣到中小學的教室裡，進行多年試教之後，得到多方肯定的成果，給我勇氣和信心彙整付梓，希望能夠拋磚引玉，爲全民科普作出微薄貢獻。

　　科技發展日新月異，本書的主旨不在於介紹最尖端的科技產品（這些資訊在網路上信手搜尋俯拾即是，待得書成往往已是昨日黃花），而在正本溯源，以電晶體為本書主軸，搭配半導體科技與科學實驗設計，經緯交織搭建起通往現今世界的知識橋樑。「主動探究」是精進學習的不變原則，而「深入淺出」則是我們信奉遵行的寫作立場，希望從國小高年級開始，直到對社會普羅大眾都能做出推廣半導體相關知識的一點貢獻。

　　書中旁徵博引，資料繁雜難免，舉凡電路分析等專業內容，如果一時造成閱讀上的負擔，建議讀者不妨先行略過，等到通篇完讀後，覺得有需要時再回頭參考印證。

　　　　　　　　　　　　　　　作者謹識　2024年 於臺灣 新竹

目錄

第一章

半導體科技史

　　人類的科技文明史不斷地演進，一般學術界的習慣，是以使用的工具畫分為石器時代、青銅時代、鐵器時代以至於今日的電器時代，可理解為「材料的應用能力帶動了文明」。

　　當電器時代快速發展的過程中，關鍵技術之一就在不斷尋找新一代的材料，直到發明了矽晶。矽晶的原材料是提煉自混雜在沙粒中的矽礦，地殼表層就有大量的蘊藏，可說是一種再尋常不過的礦物，然而科學家們讓這個小兵立了大功，將矽礦做成了電晶體，再逐步演進成日益複雜的晶圓。

　　如今的人類文明被稱為網路時代，或被稱為3C時代，總之文明社會的人們無不被包圍在矽晶電路構成的電子流之中，這樣的文明生活其實歷經百餘年，約可略分為三個進程。

電磁時代——十九世紀末：

· 電報、電話、電燈、馬達、發電機、電車、地鐵、留聲機等都已普及，但是接著的研發進展卻停滯下來。

真空管電子時代——二十世紀的前一半：

· 認識到電路中流動的是電子之後，真空二極管、三極管的研發，才又帶動了長途電話、廣播電台、家用收音機以及早期電腦的問世。

半導體電子時代——二十世紀的五十年代起

・固態電晶體取代眞空管，開啓了電器通訊科技的新紀元。

・七十年代的積體電路結合電腦科技，影響我們日常生活的各個層面，更是一次新的工業革命！

第一節　電子的發現

1878年克魯克斯（W. Crookes）發現陰極射線，他將眞空放電管之管壁塗上能產生螢光的物質（如ZnS），看到管中有射線從陰極發射出來，使管壁產生螢光。

此種在管中原本看不見的射線又稱爲陰極射線（cathode ray）（圖1-1）（可參看臺北科學館的展示實驗）。

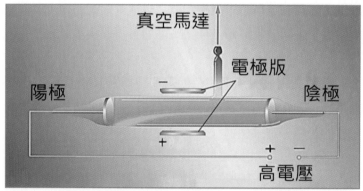

圖 1-1　真空管中陰極射線由陰極發出，往陽極加速飛行。
受到管外電場的影響，射線往電極板之正極偏轉。

1897年湯姆森（J.J.Thompson）再設法測量了陰極射線的電荷-質量比，湯姆森一系列實驗結果表明，陰極射線是由帶負電荷的粒子組成，這些粒子比任何已知的原子都小。他稱這些粒子爲「電子」（electron）（圖1-2）。

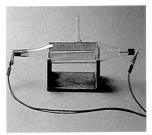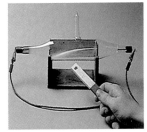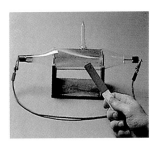

圖1-2　由左向右排序：

　　·未加磁場的陰極射線

　　·磁鐵的S極（白色端）指向射線時，射線向下偏轉變。

　　·磁鐵的N極（紅色端）指向射線時，射線向上偏轉變。

終於認識了電子：

·陰極射線有粒子的性質，若無外力存在時，會直線前進。

·陰極射線會受到電場的吸引而向正極偏轉，也會受到磁場的影響而產生偏向變化。

·由偏轉的方向知陰極射線組成物帶負電。

　不論使用何種金屬當陰極，在強力電場作用下所產生射線的「質量-電荷比」均相同。

·電子是原子的一部分，後續物理學家測得電子之質量是氫離子的1／1837。

X射線是一種波長很短的電磁波

·X射線：在陰極射線管中的電子流（陰極射線）高速射入正極靶內的物質時，由於電子減速輻射或造成靶中原子內部的擾動，而放射出來的高頻率的電磁波（圖1-3）。

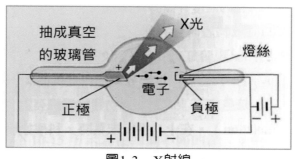

圖1-3　X射線

· 產生X射線的裝置稱爲X射線管。燈絲加熱後，電子由燈絲逸出，從負極處出發，經高電壓加速後，以高速撞擊作爲正極的金屬靶，X射線即從正極放射出去。X射線的波長決定於靶的材質和所加的電壓。

X射線的用途非常廣泛：

· 在醫學上可用來診斷身體內的病變。
· 利用其射入晶體後產生的繞射圖案，可用於研究晶體結構和原子構造。
· 在工業上，利用X射線的穿透性，可以檢視材料內部的缺陷或裂隙，稱爲非破壞性檢測。

第二節　真空管電子時代

愛迪生效應

　　參與工作的電極被封裝在一個真空管（Vacuum Tube）中，1882年愛迪生（T. A. Edison）發現燈泡中的單向電流現象，稱爲「愛迪生效應」。

· 碳纖維燈絲熾熱時，會蒸發出黑色的粉末使燈光變暗，爲改善上述情形，嘗試在燈絲上方加一銅片，此舉雖然未能成功吸附碳粉，但在檢討改進的過程中，卻意外地用驗電瓶測知：銅片與燈絲間有單向的電流流動。
· 但是當時科學界尚不知電子（1897年才發現電子）之事（圖2-1）。

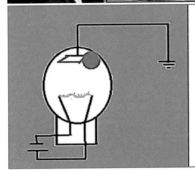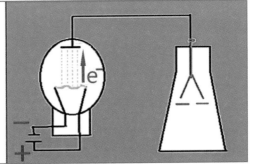

圖2-1　愛迪生發明白熾燈泡，以及他發現的「愛迪生效應」。

1904年二極真空管（Diode；或稱Valve）

· 已知「加熱的燈絲能夠釋放出電子，並在真空中形成電流」之後，<u>弗萊明</u>（J. A. Fleming）仿效愛迪生的實驗，發明了二極真空管，它可增加無線電波的靈敏度，並可作為開關之用。

除了在無線電線之外，後來更廣泛地應用在整流上（把交流電變為直流電）。

· 只要在真空燈泡裡裝上碳絲和銅片，分別充當陰極和屏極，則燈泡裡的電子就能在兩極之間單向流動（圖2-2）：

在屏極加上正電壓，則電子被銅片上的正電場吸引，構成通路。

在屏極加上負電壓，則銅片會排斥由燈絲散發出來的電子，造成斷路。

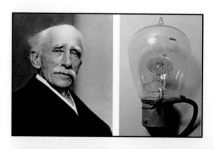

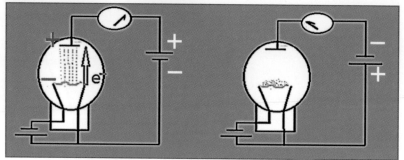

圖2-2　弗萊明的二極真空管

1906年三極真空管（Triode；或稱Audion）

　　德福雷斯特（Lee de Forest）在二極管的陰極和陽極之間，安裝了第三個電極稱為閘極（gate）做出三極真空管。發現電流在陽極和陰極之間流動時，電流的強弱會受到第三極上所加的電壓干擾。三極真空管有兩個控制電子流動的功能，重要性無以倫比（圖2-3）。

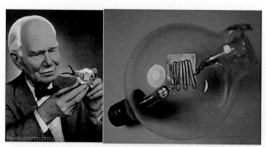

圖2-3-1　德福雷斯特的三極管

訊號放大（amplification）

· 把一個微弱的正電訊號輸入閘極，在陰極和陽極之間會相應產生一個同極性、但是能量可以放大的電流訊號。

· 在閘極加入正電壓，對於電子是吸引作用，可以增強電子流動的速度與動力。

· 將訊號放大是處理「類比式」訊號最重要的需求。

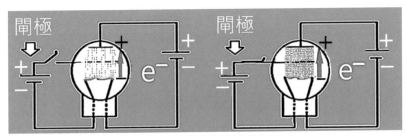

圖2-3-2　三極管可放大輸出訊號的電子流示意圖：
　　　　在閘極加入正電壓，增強電子流動的速度與動力。

電流開關（switch）

· 通電時，陽極和陰極之間的閘極加上負電壓可即時關閉電流。

· 高速開關是處理「數位式」訊號最基本的需求。

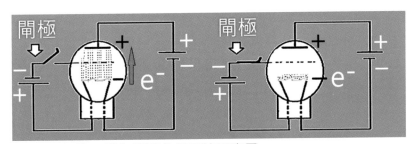

圖2-3-3　三極管可當作開關的電子流示意圖：
　　　　在閘極加上負電壓可即時關閉電流。

　　三極管在大量資源投入研發之下飛速成熟，在當時生活必需的尖端科技產品上，不論是收音機、電視、雷達、航空航海及衛星導航定位系統、微波電器等等，以及最重要的計算機，都全面用上了真空三極管。

　　三極真空管最初的成功案例，是應用在長途電話上：1915年1月25日美國東西兩岸首次通話。當天電話的發明人貝爾（Alexander Graham Bell, 1847～1922）應邀參加連接紐約和舊金山的大陸橫貫電話線的開通典禮（圖2-4）。

圖2-4　連接紐約和舊金山的大陸橫貫電話線開通

1946年大型真空管電子計算機ENIAC問世

　　大型真空管電子計算機ENIAC使用了18000支真空管，需銷耗180000W的電功率，整部機器所占用的樓板面積共達167.3m^2，相當於一間半普通教室的面積，它除了計算並可解答許多複雜的問題，故正名為電腦（computer）。但是它的計算能力和記憶容量，卻遠不及現行一般的個人電腦。

第三節　半導體電子時代──簡介半導體

固態電子時代其實指的是：利用人工製作的導電半導體，開啓電器通訊、電腦科技等新的工業革命！什麼是半導體（Semiconductor）呢？

半導體相關之週期表元素

各種元素可分爲金屬、非金屬和類金屬。金屬是最大的元素族群，通常是電和熱的良導體；非金屬又被稱爲絕緣體，它們則是電和熱的不良導體；而類金屬通常被人們稱爲半導體，是一個小的族群，有硼、矽、鍺、砷、銻、碲等6種，釙和砹有時亦被歸於此類。介於金屬和非金屬之間，通常也具備導電導熱性，但是它們的這些性能遠遠不及金屬（圖3-1）。

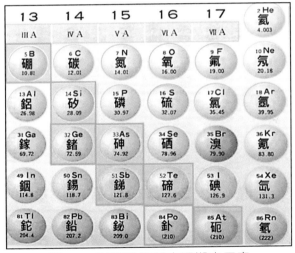

圖3-1　半導體相關之週期表元素

如何以人工製作導電半導體：

矽或鍺是最好的半導體材料，在矽晶片中雜質的分布和導電性有關，例如：每一個矽原子的最外層有四個價電子，彼此相鄰的原子各提供

一個價電子互相結合形成共價鍵（covalent bonding），成為非常穩定的晶體（圖3-2）。

　　矽晶中如何摻雜其他元素，才能變成帶有許多自由電子的N型半導體和帶有許多電洞的P型半導體？

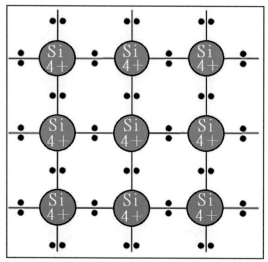

圖3-2　　矽晶每一對相鄰的原子共用一對電子，形成共價鍵。

N型半導體（Negative-type semiconductor）

　　純矽的晶體內加入第五A族的元素，如砷、磷、銻等，這些摻入的雜質原子均勻地散布在晶體中，並取代矽原子的位置。

　　第五A族的原子有五個價電子，其中的四個價電子和鄰近的四個矽原子形成穩定的共價鍵結合，剩餘的一個價電子所受的束縛力非常微弱，成為自由電子。

　　這類晶體內的自由電子的數目遠超過電洞，帶負電荷的自由電子擔任主要的導電任務，稱為N型半導體（圖3-3）。

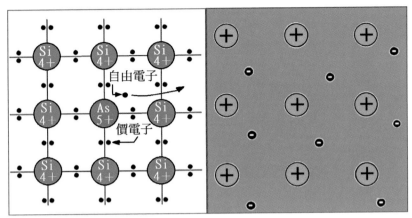

圖3-3　N型半導體結構的示意圖：

掺入砷原子（橙色），矽晶（藍色）中漂移許多帶負電荷的電子

砷原子（橙色）因失去一個電子而帶正電荷

P型半導體（**Positive-type semiconductor**）

　　如果在純矽的晶體，掺入第三A族的元素如硼、鋁、鎵等，則因這些元素的原子僅有三個價電子，差一個電子才能和鄰近的四個矽原子形成穩定的共價鍵。欠缺的這個電子在共價鍵上所應佔的位置便形成了電洞。鄰近共價鍵上的電子很容易進來填補這個空洞，因此造成電洞的轉移。

　　和上述N型半導體的情況一樣，只要掺入微量的雜質原子，便可使晶體內的電洞密度大為增加。這類晶體中的電洞數目遠多於自由電子，帶正電荷的電洞承擔主要的導電任務，故稱為P型半導體（圖3-4）。

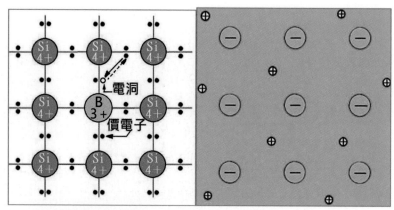

圖3-4　P型半導體的示意圖：

掺入硼原子（粉色），矽晶（藍色）中漂移許多帶正電荷的電洞

硼原子（粉色）因增加一個電子而帶負電荷

半導體的導電性：

　　N型半導體的自由電子帶負電荷，P型半導體的電洞帶正電荷，人工技術製作出來的半導體，其導電性更容易受到控制而改變，應用在各式電器設備之中，改善了我們的生活，促進了人類的文明。

- 掺雜磷（P）、砷（As）或銻（Sb）的半導體為N型，其多數載子為電子。
- 掺雜硼（B）、鋁（Al）、鎵（Ga）的半導體為P型，其多數載子為電洞。
- 掺雜物的濃度越高，半導體的電阻係數越低，導電性越強。
- 掺雜物濃度相同時，N型半導體的電阻係數比P型半導體的電阻係數低。
- 週期表內二價到六價的元素，大部分的半導體是由這些元素所組成。
- 元素半導體中的矽是目前工業中最主要的半導體材料，因矽在地表中存量豐富，又能在上面長出品質良好的氧化層，適合大規模的積體電路

的製作。

· 其他半導體則依其特性各有不同的用途，例如三、五族半導體有優良的發光特性以及快速的電子傳導特性，在光電產業及通訊方面就佔有非常重要的角色。

第四節　半導體電子時代的科學史

IC之父群接力英雄榜

1874年　德國布勞恩（K.F.Braum）發現，用一條黃銅絲接觸一種半導體的礦石，有電流由銅絲流入礦石，但調轉電壓時，則無電流產生。這種元件叫「貓鬚整流器」（Cat Whisker rectifier），在二十世紀初用於礦石收音機上。

1941年　美國貝爾研究室（Bell Labs）開始展開半導體的研究——歐爾（Russel Ohl）發現p-n接面二極體（p-n junction diode）

1947年12月23日　巴丁（J. Bardeen）和布拉頓（W. Brattain）二人用半導體鍺（Ge）做出了歷史上第一個點觸式電晶體（Point contact transistor）。

1948年　蕭克萊（W. Shockly）提出「雙極接面電晶體」（Bipolar Junction Transistor）的理論，這個理論指導往後70年半導體元件和積體電路技術的發展。

1954年　提爾（G. Teal）以更優於鍺的矽為原料製作世上第一枚矽的電晶體。矽電晶體可在高溫中運作，同時矽由礦砂中提煉，成本低、性能穩。雙極接面電晶體有整流、放大與作為開關的功能，它的製作容易，良率也高。

1956年　巴丁、布拉頓和蕭克萊三位在半導體研究的開創性貢獻獲頒諾貝爾物理獎。諾貝爾獎的精神是要把獎項頒給對全人類有最大獲益的發明。

1956年　貝爾實驗室的佛勞許（C. Frosch）發現在矽的氣態擴散時，混入的水蒸氣在加熱過程中會將矽的表面氧化為玻璃狀的SiO_2，它是一層絕緣體，更能有效地保護下層製作出來的電晶體。

1958年　貝爾實驗室的阿泰拉（M. M.Atalla）發現可以用附在SiO_2表面電閘的電壓來控制下方矽的導電性。

1959年　基爾比（J.Kilby）（美國德州儀器公司）

將電路上所需的元件如電晶體、二極體、電阻、電容等加以整合，就可以縮小體積。因為電晶體本身是個三極體，若是只用三極中的兩極，就是一個二極體，在不導電時（負電壓），二極體是一個電容器，而半導體本身就是電阻。

基爾比做出了世界上第一片積體電路IC（Integrated circuit）。但是電路複雜時，其中用金線去連接各元件的技術卻無法克服！

1959年　諾宜斯（R.Noyce）和何尼（J.Hoerni）二人合作研發出平面的晶片技術，以擴散技術產生SiO_2薄膜來保護矽的表面，以多次光刻、酸蝕、擴散、薄膜金屬等技術，讓SiO_2薄膜保護矽的n～p接面，將各元件做在同一平面上。同時利用擴散技術將各元件連接起來，使積體電路變得更小，可靠度及良率大大提升。第一片平面IC由三枚電晶體組成一個正反器邏輯電路。

1960年　阿泰拉（M.M.Atalla）製成第一個場效電晶體（Metal-Oxide-Semiconductor, MOS FET）

場效電晶體的操作原理迥異於雙極接面電晶體，它是利用電場來控制電流的大小故得名，也有放大訊號和開關的功能。反應較慢但非常省電，並且製作方法簡單。

適逢美國登月計畫，需要高效計算能力的電路，軍方也協助發展出創意的光刻技術。

1962年　尼克‧何倫亞克（Nick Holonyak Jr）成功製作出第一顆可利用

的紅光LED，才正式揭開這場到現在仍未停歇的照明革命！

1968年　諾宜斯和摩爾（G.Moore）由蕭克萊電晶體實驗室出走成立快捷半導體公司之後，再離開另外成立Intel公司，即Integrated electronic（積體電子）之意。生產電腦記憶體。

1969年　鮑義爾及史密斯（W.Boyle & G.Smith）發明電荷耦合器CCD，有卓越的顯像功能。

1971年　Intel公司費金（F.Fagging）把邏輯和記憶的功能在同一個晶片上結合起來做出4004四位元設計的微處理器（microprocessor），充分利用了電晶體高速「開關」的功能。現代的微處理器將數據轉換功能集積在同一晶片上，使數位和類比訊號之功能完美的融合，並且應用在各種民用市場的電子科技產品之中。

1978年　米德（C.Mead）用電腦設計各種數位晶片。

1970～1980年　研發出晶片設計電腦化的工程

即用電腦軟體輔助各種獨特晶片的設計，再自動衍生晶片上各元件連接的金屬膜設計光罩，最後把元件依設計圖連接起來。繼而有創立了許多專門為他人設計晶片的公司。

2000年　基爾比獲得發明晶片技術積體電路IC的諾貝爾獎（當時諾宜斯和何尼均已過世）。

積體電路具有體積小而且性能可靠的特點：

‧在科學研究上，使科學家得以在空間嚴格受到限制的人造衛星或太空船，裝上能執行多種任務的複雜電子系統。

‧在軍事上，飛彈也是由於應用了積體電路，才能具有精確的、可靠的導向能力，使它成為現代戰爭中的利器。

‧在工業上，各種感應或控制元件以及機器人等都是利用IC來製作，使生產得以自動化。

‧積體電路在生活上的應用處處可見，例如掌上型計算機、電子錶、收音

機、電視機、手機、音響器材、多媒體等不勝枚舉。

‧電腦是當前時代的寵兒，更是拜IC之賜，使其體積大為減小，但其記憶容量和計算速率反而大為提升。電腦的應用可說是包羅萬象，但它的內部卻只是一群IC的組合而已。微電子技術是電子工業的一次大革命，它影響了我們日常生活的各個層面，使人類的生活面貌完全改觀，迥異於以往。隨著微電子技術的日益精進，一個嶄新的世紀正逐漸浮現在我們的眼前。

2014年　諾貝爾物理獎頒給了赤崎勇（Isamu Akasaki）、天野浩（Hiro-shi Amano）、和中村修二（Shuji Nakamura），得獎的理由為發明新穎、環保、節能、藍色發光二極體（LED）。

使用藍色發光二極體（LED），就能用全新的方式製造白光。而LED燈的問市，使我們現在有比以往的照明設備更加節能的選擇。

以上這些偉大的科學家們，帶領著各自團隊中的無名英雄，在IC研發的接力賽中不斷衝刺，一棒接一棒薪火相傳，彼此之間形成一種奇妙的競合模式，許許多多的傳奇故事，留傳至今仍為人所津津樂道呢！例如：

得到諾貝爾獎之後，蕭克萊回加州成立Shockley Semiconductor Laboratory。1957年由Shockley Semiconductor Laboratory出走的八人，後來成立了快捷半導體公司（Fairchild Semiconductor Company），此八位是：Sheldon Roberts、Eugene Kleiner、Victor Grinich、Jay Last、Julius Blank、Robert Noyce、Gordon moore、Jean Hoerni。

第五節　臺灣的半導體產業沿革

科技政策的領航與國家命運的舵手：

1973年　蔣經國總統尋求發展新產業，經濟部長孫運璿決定引入半導體技術。由工業技術研究院引入美國當時最新的CMOS技術，進入生產的技術主流。

1985年　在美學有專精並已有豐富工作經驗的電機博士張忠謀先生，應行政院長孫運璿親自邀請到臺灣擔任工業技術研究院院長，兼任聯華電子董事長，發展六吋晶圓生產技術。

1987年　張忠謀先生向政務委員李國鼎提出「全力發展晶圓代工」的計畫，專門生產全球客戶訂製的晶片，於是在政府的大力支持下，誕生了「臺灣積體電路公司（TSMC），提供全世界最先進的晶片製造技術與服務。

1995年　美商應用材料公司在科學園區設廠：臺灣應用材料公司，它是全球IC設備製造業的龍頭。它同時也與國內大學進行合作計畫，以訓練更多專業人才，為未來的需求提前布局。

2012年　半導體製造業躍升為臺灣最大的產業聚落，晶圓代工市占比穩居全球第一，從此在全球晶片市場中扮演核心角色。

2018年　適逢IC發明60週年，這些發明半導體其實與我們的生活息息相關。

臺灣半導體產業引領國際，在全球半導體產業鏈中締造「製造第一、封裝測試第一、IC設計第二」不可動搖的產業地位。在這波進步中，臺灣對世界的貢獻極大。

近年來以矽晶圓量產毫微米元件的半導體產業，確實也成為我國經濟發展的重要支柱之一，年產值即高達一千多億美元，是新竹科學園區內，最亮麗耀眼的一顆巨星。隨後數年就有高達一兆元以上的資金，投入十二

時晶圓廠的興建。從此毫微米元件科技方面，高級科技人才的培育更形重
要。

　　CMOS設備比雙極型元件（如雙極性接面電晶體）消耗的電流少很
多，也是現在主流的元件。電晶體是奈米等級，比人體細胞還要小。三星
以及台積電在先進半導體製程的14奈米與16奈米之爭，14奈米指的就是
電晶體電流通道的寬度。寬度越窄、耗電量越低；然而原子的大小約為
0.1奈米，14奈米寬的通道相當於只有一百多顆「原子磚頭」建構而成。
故製作過程中只要有一顆原子缺陷、或者出現一絲雜質，就會影響產品的
良率。

　　對於半導體大廠而言，製程固然是技術指標，而良率更是其中的關鍵
Know-how。一般能將良率維持在八成左右已經是非常困難的事情了，台
積電與聯電的製程良率可以達到九成五以上，可見臺灣晶圓代工的技術水
準。

2011年　台積電組建最優秀的研發團隊，以先進封裝技術（CoWoS）
　　　　（Chip-on-Wafer-on-Substrate）大大地提升國際晶圓競爭的積效，成
　　　　為全球手機處理器代工的霸主。

2023年7月　晶圓代工廠台積電召開線上法說會，表示今年下半年3奈米
　　　　將強勁成長，升級版3奈米（N3E）貢獻全年營收約中個位數（mid-
　　　　single digit）百分比；2奈米製程技術研發進展順利，將如期在2025
　　　　年進入量產，並發展出HPC相關應用的背面電軌（backside power
　　　　rail）解決方案，預期2奈米技術推出時，將會是業界最先進的技術，
　　　　並將進一步擴展公司的技術領先。

2024年　隨著AI熱潮引爆，CoWoS先進封裝的需求量大爆發，也是摩爾
　　　　定律瓶頸的解方。

　　臺灣半導體的產業，如今也成為全球地緣策略者的必爭之地。

第二章

直流、交流與整流

　　現代人類的文明社會，是科技主導的高度電氣化生活，所以對於電的知識是不可或缺的，講到電當然要瞭解各種電器需要的電源。

　　生活中的電源可分為直流電（Direct Current, DC）和交流電（Alternating Current, AC）兩種，好像兩兄弟並肩合作，同心協力犧牲奉獻，這兩種電如何定義？它們又如何為我們工作呢？它們有什麼重要性？值得我們去細細鑽研。

第一節　檢視直流電、交流電和整流的定義

教科書中的直流電、交流電和整流（Rectify）：

直流電（DC）：

· 電路中的電流循單一方向流動，且電壓的極性不隨時間而改變（圖1-1）。

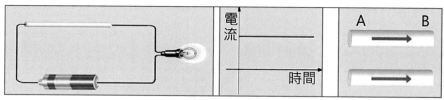

圖1-1　直流電的電流方向固定

交流電（AC）：

‧電路中的電壓或電流方向與大小，會隨時間發生週期性的改變。

‧臺灣的家庭電源，每秒60次來回變換電流的方向和大小（圖1-2）

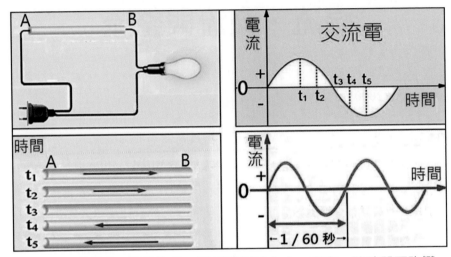

圖1-2　交流電的正負極位置、電壓和電流大小、方向，隨時間而改變。

整流：

‧整流器是一種將交流電源轉換成直流電源的裝置或元件（圖1-3）。

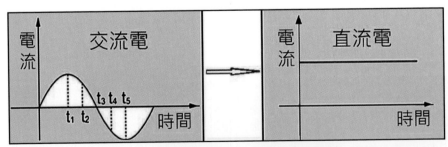

圖1-3　將交流電整流為直流電的圖示

‧由於許多電子設備都需要使用直流電，但電力公司的供電是交流電，因此除非使用電池，否則所有電子設備的電源供應器的內部，都少不了整流器。

‧商用電源都使用交流電，在傳送過程損失的電能較小，使用時也容易改變電壓和電流。

　　在臺灣發電廠由電廠輸出電壓為34萬伏特（volt、符號V）或28萬V的電力，途中逐步在各大、小變電站上降壓：一般來說在城市或工業區內先調降到22000V，對重工業區直接供應11000V的高壓電；而各街道設置的變壓器則將電壓再降低到110V或220V，供一般民生使用。

　　家庭中如果要使用小型家電，還需要更低的電壓，此時則可用小型變壓器將電壓調降到60V以下，甚至於12、9、6、5、3V等等，往往需要將交流電整流為直流電來工作。

　　以上的「圖示和圖說」出現在一般教科書上，但是沒有實驗也沒有探究。

第二節　簡介二極體

電子流與電流（Electron flow & Current flow）

　　探究「直流電、交流電和整流」，首先要認識電子流與電流。由原子的結構來看，電路的金屬導線中實際上是帶負電荷的電子在流動，當初大家不知道原子的結構，隨意設定電流是正電荷在流動，所以「電子流」和以前習慣所談的「電流」方向剛好相反。

　　大家協議說清楚：「電流」即為傳統上規定的正電荷流動的方向，所以「電流」一詞，仍然繼續沿用（圖2-1）。

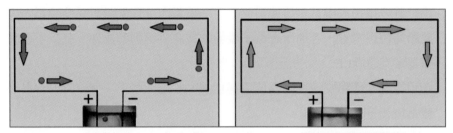

圖2-1　左：迴路中真實的電子流方向　右：約定俗成的電流方向

由我們熟悉的**LED**（**Light emitting diode**）燈珠說起：

　　LED全名是發光二極體，二極體（Diode）是一種電子元件，它們具備了「p-n接面」的結構。只允許電子流或電流由單一方向流過，所以最常將它應用在整流工作上。

　　LED是利用電流發光，只有從負極通入電子流才會發光。發光二極體結構的核心部分是p-n接面，周邊部分有環氧樹脂密封其引線與框架以保護內部芯線。

通路中：

· LED燈長腳須接電源的正極，因為它是帶有正電荷的P 型半導體（positive-type semiconductor）。
　LED燈短腳須接電源的負極，因為它是帶有負電荷的N型半導體（negative-type semiconductor）（圖2-2）。

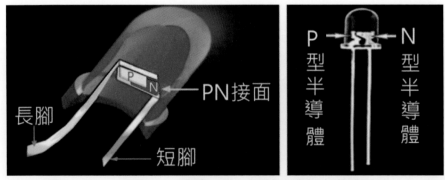

圖2-2　LED是發光二極體，長、短腳連接的半導體不同。

　　LED是一種固態光源，可以將電能轉化爲光能的半導體元件，具備二極體的特性。在n型半導體的一端施以電子，p型半導體的一端施以電洞，當電流通過LED內部時，電子與電洞會在載子複合區相結合，當電子從高能階的傳導帶掉落至低能階的價帶時，能量便以光的形式釋放出來，這就是LED固態照明的基礎發光原理。

　　而光線的波長、顏色，跟其所採用的半導體物料種類與摻入的元素雜質有關。發光二極體具有效率高、壽命長、不易破損、反應速度快、可靠性高等傳統光源不及的優點。

　　以氮化鎵LED爲例，它可以發出藍光或綠光，鋁銦鎵磷LED則可以發出紅光、綠光或黃光。諸如此類，可以利用材料的選擇製作出不同色光的發光二極體。紅外發光二極管通常使用砷化鎵（GaAs）、砷鋁化鎵（GaAlAs）等材料，採用全透明或淺藍色、黑色的光學級樹脂封裝。

不發光的二極體：

　　常見的、不發光的二極體，外觀上有標記的一邊爲 n型半導體，另一側爲p型半導體（圖2-3）。

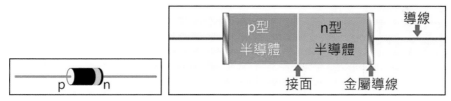

圖2-3　由二極半導體外觀，可鑑別它的結構。

・n邊自由電子的密度高於p邊，自由電子會擴散進入p邊。
　在緊鄰接面的n邊，由於失去部分的電子而帶正電；
　反之靠近接面的p邊，則因獲得電子而帶等量的負電。
・同樣p邊的電洞密度遠高於n邊，p邊的電洞也會穿過接面擴散進入n邊。

在緊鄰接面的p邊，由於失去部分的電洞而帶負電；

反之靠近接面的n邊，則因獲得電子而帶等量的正電（圖2-4-左）。

‧在接面的兩邊逐漸累積等量的正電和負電，最後形成一個狹窄的空乏區（depletion layer），既沒有電洞也沒有自由電子，為一高電阻區（圖2-4-右）。

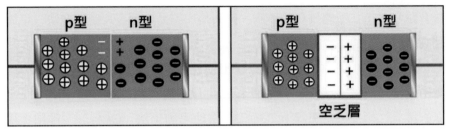

圖2-4　二極半導體在接面處形成空乏層

二極體外接電場的變化：

1.二極半導體受到正向偏壓（forward bias）時

　　將二極體p邊的金屬電極以導線連接到電池的正極，n邊的金屬電極以導線連接到電池的負極，則p邊的電位高於n邊，稱此二極體受到正向偏壓（圖2-5）。

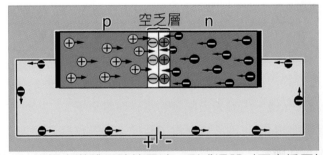

圖2-5　二極半導體正確接電池，形成通路（正向偏壓）。

正向偏壓驅使p邊電洞右移，n邊自由電子左移，空乏層縮小，電池的負極持續供應自由電子進入n邊，電池的正極則不斷地自p邊吸入自由電子形成通路，二極體的電子流，只能單向導通形成迴路。

2.二極半導體受到反向偏壓（reverse bias）時

將電池反接，即電池的正極接到二極體的n邊，負極接到二極體的p邊，此時p邊的電位較n邊低，稱此二極體受到反向偏壓（圖2-6）。

反向偏壓阻礙電洞和電子的擴散。二極體n邊的自由電子和p邊的電洞分別受到電池正負極的吸引，很難再向對邊移動，空乏層區域擴大，形成斷路。

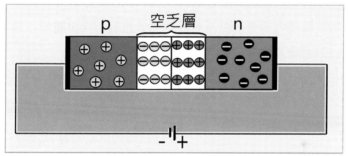

圖2-6　二極半導體接錯電池，形成斷路（反向偏壓）。

第三節　直流電、交流電和整流的實驗測試

一、直流電實驗的設計、測試與討論

有了以上的基本知識，請用LED燈珠、二極體、電池來設計一個實驗：「如何用只能單向導通的二極體，說明直流電的電路」？

在職前或在職教師研習課程，甚至國民中小學的臨床教學課堂中，經過討論，學習者都可以主動完成學習任務，進行以下的實驗設計、實作和解釋。

直流電實驗一：用發光的二極體做實驗

‧LED燈長腳須接電池的正極，短腳須接負極，燈才會亮（圖3-1）。

圖3-1　LED燈珠單向導通的實驗

直流電實驗二：用不發光的二極體做實驗

‧不發光的二極體：p端須接電池的正極；n端須接電池的負極，才算通路。可是就算接對了，通路是否已經形成也看不出來，所以還要在電路中加入LED燈珠才行。

‧通路的接法是：電池負極→二極體的n、p→LED燈珠的n、p→電池正極。LED亮燈，實驗證明了這是單向導通的直流電。

‧二極體只能單向導通，其中二極體或LED接反了，無法通電、LED燈不亮（圖3-2）。

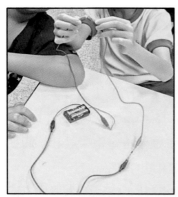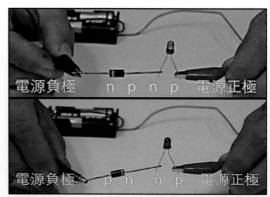

圖3-2　用二極體和LED燈珠實證直流電的單向導通：接對了亮燈，是通路；接反了燈不亮，是斷路。

反思與討論

· 我們發現：這個實驗電路中用了發光二極體和不發光的二極體，接法必須有一定的順序，很像電池的串聯。這是用了直流電。

· 實驗時最好要唸電子流的口訣：〔負極→n、p→n、p→正極〕，一面做一面唸，把連接方法牢牢記住，實驗一定成功。

二、交流電實驗的設計、測試與討論

　　交流電一般由牆上插座引電（110 V），但LED燈珠只能承受6V以下的電壓，故選用降壓後爲3V交流電的變壓器做此實驗。實驗前，須將變壓器「輸入面」不使用之接頭用絕緣膠帶緊緊包裹，以免觸電（圖3-3）。

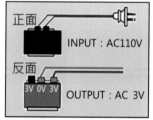

圖3-3　AC 110→AC 3V變壓器：須用絕緣膠帶嚴密包裹的圖示。

　　有了以上的基本知識，請設計並演示一個實驗：「如何用只能單向導通的二極體，說明交流電的電路」？

　　在職前或在職教師研習課程，甚至國民中小學的臨床教學課堂中，經過討論，學習者都可以主動完成學習任務：進行以下的實驗設計、實作和解釋。

· 準備兩個顏色不同、長短腳互接的LED燈珠。

· 插座接110V交流電，經變壓器降壓爲3V交流電（或AC 220V降壓爲AC 6V），由此變壓器連接兩個並聯的LED燈珠，通電後兩個LED燈珠都

會亮，表示電源仍是交流電，電流會來回雙向流動，只是它的雙向電流變化得太快，肉眼無法查覺兩個LED燈珠在輪流發亮（圖3-4）。

圖3-4　設計交流電的演示實驗

實作演示（圖3-5）：

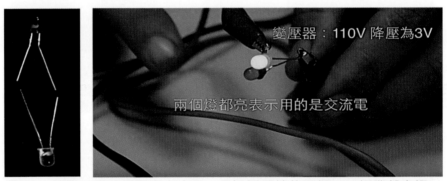

圖3-5　用變壓器降壓觀察交流電：長短腳互接的兩個LED燈珠都亮燈。

反思與討論：

．用兩個顏色不同、長短腳互接的LED燈珠來做交流電的測試：

它們在通路中各自的電子流或電流方向相反，鑑定電源用的是交流電。

交流電雙向電流的變化得太快，無法查覺兩個LED燈珠是否輪流亮燈。

之前曾經模仿過「法拉第感應電流實驗」：將兩個長短腳互接的LED燈珠並聯後接在線圈上，強力磁鐵插入線圈和拔出線圈，因感應電流而產生了輪流亮燈的結果！

那個實驗，就相當於人工交流電的審視實驗（圖3-6）。

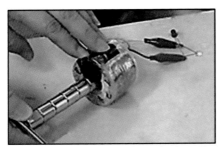

圖3-6　人工交流電的實驗。

三、整流實驗的設計、測試與討論

如何用只能單向導通的二極體，演示及說明「交流電整流為直流電」的實驗？對中小學生，這個項目需要多加引導。

1. 先用3V交流電連接兩個長短腳互接的並聯LED燈珠，通電後兩個LED燈珠都會亮，表示電源仍是交流電。

2. 接著在上述設計中加入二極體，成為只能單向導通的裝置，就由交流電整流為直流電了。

· 圖3-7-1：只有黃燈亮，電子的流動方向及順序如下

　A負極→黃燈短腳n→黃燈長腳p→二極體（n→p）→B正極

· 圖3-7-2：只有紅燈亮，電子的流動方向及順序如下

　B負極→二極體（n→p）→紅燈短腳n→紅燈長腳p→A正極

· 以上兩次實驗接入二極體的方向不同，使單向導通的電子流（或電流）方向相反。

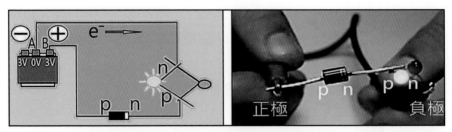

圖3-7-1　交流電整流為直流電的實驗設計與實作一：只亮黃燈

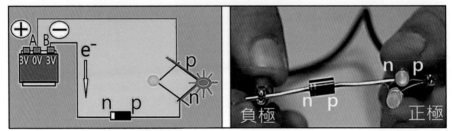

圖3-7-2　交流電整流為直流電的實驗設計與實作二：只亮紅燈

反思與討論：

　　傳統用數學座標可以直觀且精簡扼要地表達「整流」的意義（圖3-8-1）。但是動腦動手的探究方式，才讓我們能夠由觀察瞭解：「整流是將交流電變為直流電」的真正意義是什麼（圖3-8-2）。

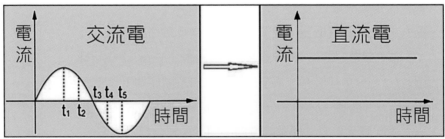

圖3-8-1　「整流」的學習方式一：用數學座標傳達「整流」的意義

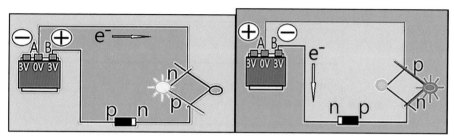

圖3-8-2　「整流」的學習方式二：動腦動手實作學習

　　比較兩種學習方法：發現應該先由實作探究之後再看圖表整理思緒，兩種學習方式最好合併使用。

第四節　二極體的橋式整流

提供基本全波橋式整流（**Bridge rectifier**）知識：

· 電路中加一個二極體，將交流電整流爲直流電，但是功率會減一半，因爲在半波整流時，交流波形的正半週或負半週其中之一會被消除，只有一半的輸入波形會形成輸出，對於功率轉換是相當沒有效率的。

· 全波整流可以把完整的輸入波形轉成同一極性來輸出。充分利用到原來交流波形的正、負兩部分，並轉成直流電，因此更有效率。

　用四個二極體組成一個橋式整流電路，可形成全波整流，把完整的輸入波形轉成同一極性來輸出（圖4-1）。

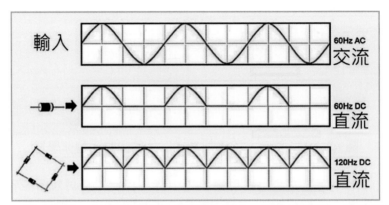

圖4-1　橋式整流：把完整的輸入波形轉成同一極性來輸出，更有效率。
　　　交流訊號（上）、半波整流（中）、全波整流（下）。

挑戰：設計一個「LED橋式整流電路圖」

　　如何用四個二極體組成一個橋式整流電路，形成全波整流？把交流電轉成直流電輸出，並使LED表現完整的工作效率。

‧整流，就是要將交流電改為直流電。

　橋式整流要用四個二極體，它們排成菱形；在電路中還須遵循：電子流在二極體串聯時連接的順序，即口訣「負極→n、p→n、p→正極」。接得正確，才能形成通路。

‧交流電路就是正極、負極會一直互換，所以設計圖要畫兩張，它們的正、負極位置相反。

　但是兩圖之中，四個二極體做成的橋式整流器應該是相同的。我們拿四個二極體的實體在圖紙上排排看（圖4-2）？好像怎麼排都還是不能符合那個口訣？

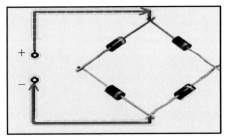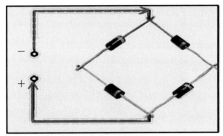

圖4-2　用四個二極體的實物在設計圖紙上排排看……

提示：電路中LED燈珠要加在哪裡？才能表現完整的工作效率。

· LED燈珠加在四個二極體的中間，再將四個二極體和LED燈珠的n、p位
　置加註在圖中，還要標上各個二極體的編號。

　如此交流電中每個「來、回」電子流走的路徑，就都符合二極體單向導
　通的口訣了（圖4-3）！

· 我們的全波整流設計，無論交流電源的正負極如何變換，每次電子流
　都會使LED燈珠發光；四個二極體每次只用兩個，交流電已整流為直流
　電。

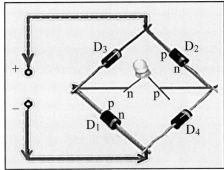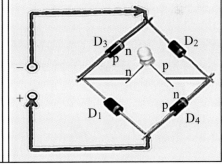

圖4-3　橋式全波整流電路，加入LED燈珠，以電子流來說明：

　　　　左：負極→D_1的n、p→LED短腳n、長腳p→D_2的n、p→正極。

　　　　右：負極→D_3的n、p→LED短腳n、長腳p→D_4的n、p→正極。

將設計圖加入一個綠色的箭頭，想想看它有什麼意義（圖4-4）？

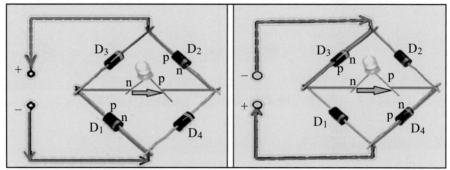

圖4-4　橋式整流：正負極交替變化，電子流經過LED的方向不變。

‧輸入的交流電後經過橋式全波整流，交流電的正、負極不管如何交替
變換，每次電子流來回經過LED燈珠的方向一定相同：電子流通過都由
LED燈珠的短腳n到長腳p，LED燈珠都能亮，得到百分之百的功率。

依設計圖動手實驗、解釋和討論：
‧用四個二極體組合成橋式整流的構造，加入一個LED燈珠（圖4-5-左）。
‧插座接交流電（110V），經變壓器降壓（AC 3V）（圖4-5-右）。

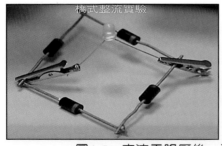

圖4-5　交流電降壓後，準備做橋式整流的實驗。

‧用電線接上有LED燈珠的橋式整流器，見LED燈珠發亮（圖4-6）。說
明交流電電源的正、負極輪流交換時，其中電子流動的路徑。

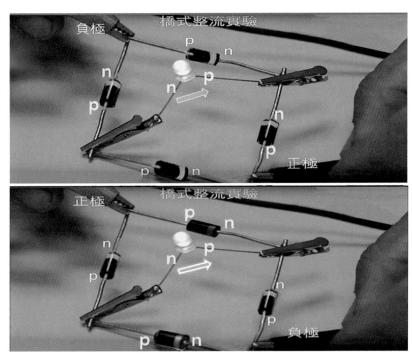

圖4-6-上　交流電紅色夾連負極、黑色夾連正極，電子流之直流電路：

負極→二極體 n、p → LED n、p →二極體 n、p→正極。

圖4-6-下　交流電紅色夾連正極、黑色夾連負極，電子流之直流電路：

負極→二極體 n、p → LED n、p →二極體 n、p→正極。

‧四個二極體每次只用兩個，但是由交流電輸入後，流經電阻（LED）的
　方向相同（每次都能亮燈），形成全波整流，得到百分之百的功率。

用人工交流電來測試橋式全波整流

‧交流電電流方向變化太快，我們只看到了實驗中LED燈亮了，並沒有看
　到橋式整流所應該特有的：交流電正、負極交替的每次「來、回」都能
　有效地呈現它亮燈的功率！

‧改用人工交流電來測試？試試看！

1.橋式全波整流的人工交流電檢測一：

　　實驗改用人工交流電來測試，仿效<u>法拉第</u>的電磁感應實驗：將強力磁鐵插入、拔出線圈，看橋式全波整流對LED燈珠的影響。

　　將四個二極體組合為橋式整流裝置，LED燈珠置於其中，以導線連接在一捆線圈上。磁鐵插入線圈或抽出線圈，LED燈珠都會亮，表示整流之後功率完全保留未曾減半（圖4-7）。

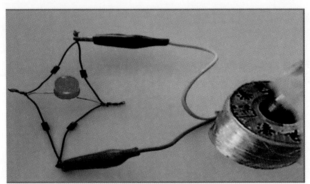

圖4-7　　人工交流電測試橋式整流，磁鐵插入或抽出線圈LED都會亮燈。

2.橋式全波整流的人工交流電檢測二：

・將人工交流電橋式全波整流裝置，多了一條附加的並聯支線：是「二極體→LED燈珠→二極體」（<u>涂元賢</u>老師設計）（圖4-8）。

・磁鐵插入線圈時，橋式整流裝置之中的紅燈亮、並聯支線的黃燈不亮；磁鐵拔出線圈時，橋式整流裝置之中的紅燈亮、並聯支線的黃燈也亮。

・在一次直流電波中，裝置裡橋式整流和並聯支線的電路都各用了兩個二極體，但是橋式整流是全波整流，並聯支線是半波整流，它們的功率是2：1。這樣的功率比，在這個人工交流電的實驗中，完完全全地展現出來了！

・動手將磁鐵上、下端倒置，做相同的實驗，效果相同：磁鐵插入或拔出

線圈時，橋式整流裝置之中的紅燈仍然都亮；但是並聯支線上的黃燈卻在磁鐵插入線時亮燈、磁鐵拔出線圈時、不亮。

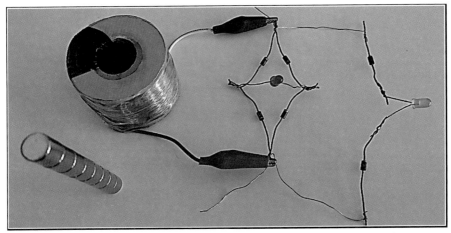

圖4-8-1　用人工交流電，檢測橋式全波整流的實驗設計

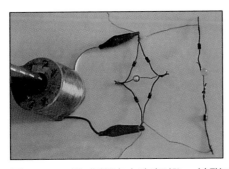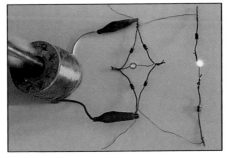

圖4-8-2　橋式整流中有紅燈；並聯支線上有黃燈：

　　　　左：磁鐵插入線圈，紅燈亮、黃燈不亮。

　　　　右：磁鐵拔出線圈，紅、黃兩燈同時都亮。

補充說明：

　　那條支線必須用兩個二極體的理由：並聯電路時，電流會選擇電阻比較小的電路走。如果那條支線只用一個二極體和橋式整流並聯，通電時電流會選擇只有一個二極體的那條捷徑，而不會流經兩個二極體的橋式整流電路。

　　選用的二極體很小，可以用手機拍照放大、調光，再標示電子流經過的二極體哪裡是n、哪裡是p；將正極負極對調之後，也標示其電子流的順序，加強體認新知（圖4-9）。這樣就符合橋式全波整流的元件連接，也符合直流電電子流電路的口訣：

負極→二極體 n、p → LED 短腳 n、長腳 p →二極體 n、p →正極。

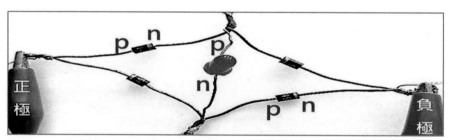

圖4-9-1　拍照放大、加標記。再看橋式全波整流中電子流電路的順序。

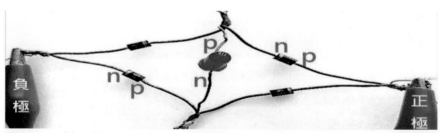

圖4-9-2　拍照放大、加標記。再看橋式全波整流中電子流電路的順序。

反思與討論：

　　看圖上畫的橋式整流裝置，有些人以為四個二極體排成一個菱形，就是橋式整流的裝置了，但是設計圖紙卻很難通過檢核。可以用**四個真實的二極體來排排看，再加入LED燈珠**，很快就能成功了。這是一個變通性思考的實例。

　　其次在檢核時候要用上「口訣」，這樣容易說得清楚、別人也容易聽得明白。

　　再用人工交流電來測試橋式整流的裝置，仿效法拉第的電磁感應實驗：將強力磁鐵插入和拔出線圈，看看LED燈在橋式整流裝置之中的表現。不但可以理解這種方法，將交流電整流為直流電沒有損耗功率，也藉此再次溫習法拉第的電磁感應實驗。

　　在橋式整流的電路中另外加一個並聯的支線，能夠漂亮的表現出：「橋式全波整流」和「一般二極體的整流」，二者的功率是：2比1。

第五節　吹風機中的橋式整流

　　生活中我們常用吹風機（hair dryer）吹頭髮，這是從吹風機中取出的一個零件，它有馬達、風扇和橋式整流的四個二極體（圖5-1）。

吹風機裡需要橋式整流：

・吹風機使用時直接由牆上引出交流電，所以需要整流為直流電才能使其中的直流馬達運轉、送風。

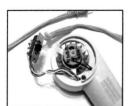

圖5-1　吹風機裡安裝在風扇馬達上的橋式整流二極體。

‧同時橋式整流是全波整流，將交流電整流爲直流電時，電功率才不會減半。

演示吹風機中取出的「馬達風扇和橋式整流」：

吹風機中取出的「馬達風扇和橋式整流」，它還能演示轉動的情形。爲了安全上的顧慮，電源不宜直接用110V的交流電，須加變壓器將110V AC降爲16V AC，引低壓交流電做實驗來演示：

可以看到馬達帶動風扇同向旋轉，產生全波整流（圖5-2）。

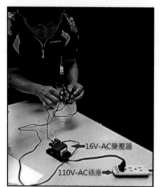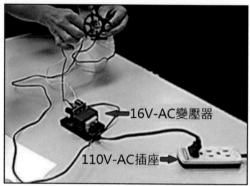

圖5-2-1　演示吹風機中取出的「馬達風扇和橋式整流」，須要先降壓。

圖5-2-2　用16V交流電使有橋式整流的馬達風扇轉動。

另外還有一個要注意的地方：橋式整流四個二極體外端看似有四個突起，並不是隨便選兩個相對的突起接上電源線的兩端就可以了，四個突起

有兩個是通到馬達之中的；有兩個才是接電源的。接對了，手上的風扇馬達才可以轉動！

　　因爲電源是交流電，所以分成兩張圖來說明：通電後兩圖電子流的路徑不同，但經過馬達的都是直流電（圖5-3）。

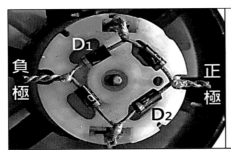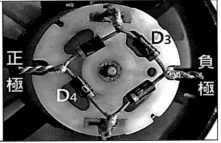

圖5-3　標示接上16V交流電的位置，討論通電後電子流的路徑。

　　　　左：負極→D₁二極體n、p→馬達→D₂二極體n、p→正極

　　　　右：負極→D₃二極體n、p→馬達→D₄二極體n、p→正極

　　這次實驗需要用到降壓爲16V交流電（AC）的變壓器，而手邊只有輸出爲直流電（DC）16V的變壓器，所以將裡面原來的輸出端改變了位置，從次級線圈降壓後，還沒有整流變成直流電的地方引出16V的交流電來使用（圖5-4）。

圖5-4　改裝的變壓器：

　　　　左：原來變壓器的外觀說明（AC 120V→DC 16V）。

　　　　中：畫面左方是原來變壓器的輸出線，它先經過二極體才輸出。

　　　　右：改過的變壓器輸出線在畫面上方，它未經二極體就輸出。

補充說明：

　　請大家看看變壓器裡有四個二極體，它們彼此之間的連接方法仍是橋式整流，不過空間實在太小，只好平行排列。

　　將輸出電線改變了位置，不經過橋式整流的四個二極體，就能輸出降壓的16V交流電了。而圖5-4-中，在二極體右側藍色柱狀物是一顆電容，它可以讓輸出的電流都維持在波峰的狀態。

吹風機的電路分析：

·組成零件：電熱絲、雲母片、馬達、整流二極體、降壓電容、開關和電源插頭等。

·降壓電容把110 V交流電變成低壓交流電（12～24V），再由4個二極體組成橋式整流把低壓交流電變成低壓直流電，使直流馬達轉動，如此氣流由進風口吸入空氣，再由出風口吹出（圖5-5）。

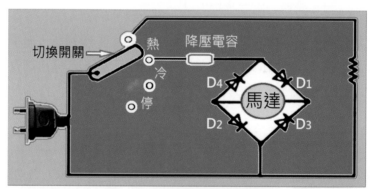

圖5-5　吹風機裡的電路圖

註一：二極體電路符號（圖5-6）。

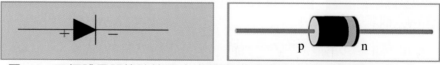

圖5-6　二極體電路符號箭頭方向代表常規電流方向：由p邊指向n邊。

變壓器中納入橋式整流的電路圖：

　　有的電器需要用AC變DC的電流，但它的橋式整流不在電器內，而在插頭另附的變壓器之中，這種情況電路圖怎麼畫呢？

　　那就不能像吹風機裡的電路圖那樣，將風扇馬達放在橋式整流的中央。一般變壓器的構造包括在同一鐵芯上的主線圈和副線圈，橋式整流的四個二極體可排成菱形或並排（圖5-7）。由插座電源到變壓器中的橋式整流，經過電線再到電器（圖5-8）。

圖5-7　變壓器的內部構造

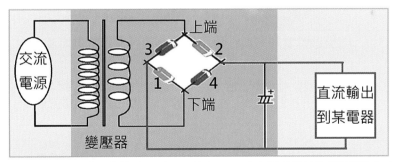

圖5-8　電路圖：橋式整流不在電器內，而在插頭另附的變壓器之中。

・主線圈輸入交流電、圈數多；副線圈產生感應交流電、圈數少；主、副線圈之間並不相連通，僅繞在同一鐵芯上而已。

・用電子流說明，通電後每次來、回電子流經過橋式整流的路徑：

由下端負極→D1二極體n、p→電器→D2二極體n、p→上端正極

由上端負極→D3二極體n、p→電器→D4二極體n、p→下端正極

・橋式整流的結構如果在變壓器之中，距離需要整流為直流電的電器就比較遠；而我們演示時需要整流為直流電的LED或吹風機的馬達，則是直接連接在橋式整流結構之中的。

註二：通電時，電熱絲會產生熱量，風扇吹出的風經過電熱絲，就變成熱風。電熱絲繞在對熱有絕緣能力的雲母片上（圖5-9-左）。

註三：吹風機中見到降壓電容（圖5-9-右），降壓後的交流電進入橋式整流，供吹風機馬達轉動而產生氣流。

圖5-9　吹風機的電熱絲繞在雲母片上；黃色方形物為降壓電容。

探究二：

吹風機的安全問題：

・吹風機裡還有電熱絲，如早期的電熱火鍋線圈，馬達扇葉送風，經電熱絲轉為熱風吹出。電熱絲下方墊著雲母板隔熱，避免與塑膠外殼接觸。

・吹風機除了耗電量驚人外，也曾出現過電擊或失火之類的傷亡事件。但常會因電源線老化使銅線裸露在外，如果又在濕氣較重的浴室裡使用，那麼就可能會發生電擊的危險。

- 用於吹乾頭髮時，吹風口距離頭髮距離不可小於50mm，防止堵塞風口和燒焦頭髮。同時避免吹乾頭髮時，產生的水蒸氣影響絕緣強度造成漏電。
- 吹風機在使用結束前，儘量做到將電吹風先從「熱」檔切換到「冷」檔，以便先切斷電熱元件電源。再讓電熱元件的剩餘熱量由冷風幫助吹出，使電吹風機內部溫度降低、然後再將全部電源切斷。這樣可使電吹風機內部絕緣老化減慢，延長使用壽命。同時放置在桌上時不易燙傷其它物件。
- 吹風機儘量不要連續使用時間太久，應間隙斷續使用，以免電熱元件和電機過熱而燒壞。
- 吹風機平時不使用時應放置在乾燥場合，切忌放置露天或潮濕場合，長期不用後取出時，應該先檢查絕緣電阻，在符合要求下方能正常使用，以保證使用時的人身安全。
- 由於空氣中有灰塵，雖然很多電吹風機在進風口處裝置過濾網，起保護作用，但不能防止顆粒很小的灰塵，而且並非所有電吹風機皆有過濾網布。為此必須定期清理灰塵，防止堵塞風道和損害元件。

實作學習的反思與討論：

　　本章用實驗的方法來探究直流電交流電和整流，還用吹風機作為生活電器的實例。原來吹風機裡就有二極體這種半導體了，並且以橋式整流的方式，將交流電整流為電功率不會減半的直流電來工作。

　　經歷本章的實作探究之後，重新檢視教科書中交流電、直流電和整流的定義，就很容易明白了。

第三章

由LED探索色光的分散與疊加

　　曾經撿到一盞「科技神燈」，其中的各種電子零件，讓我在科學探究的路上，開啓一條多采多姿的驚奇之旅。

第一節　會變色的LED小夜燈

　　仔細觀察這個從回收筒中撿到的電子零件，它是LED（Light Emitting Diode）小夜燈的底座，反面可裝電池，還有開關（圖1-1）。

 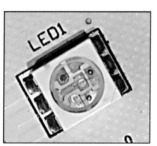 

圖1-1　左：LED燈座　中：電路板上的LED燈　右：反面之電池座

　　這個LED燈會發出不斷變色的耀眼光芒。因爲燈光過於刺眼，所以找個半透明的容器，暫時充當燈罩降低輝度，以便進一步觀察（圖1-2）。

圖1-2　套上燈罩的LED燈，依序變換燈光的顏色。

　　看著變色的燈光，使我想到曾經學過的「色光疊加」，用這個燈可以得到證實嗎？要檢視這個想法，就須設法將色光再分開。於是在LED燈和燈罩之間加上一個擋光的物體（圖1-3），應該可由物體的影子看到再分散出來的色光。

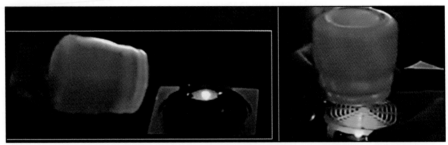

圖1-3　在LED燈和燈罩之間加一個擋光的物體，以便觀察光影的變化。

色光再分散的實驗結果（圖1-4）：

· 紅光、綠光、藍光三種色光，不能再分出其他的色光。

　　主動發現為什麼紅光、綠光、藍光被稱之為「色光三原色」。

· 黃　　光（yellow黃）：

　　可分散為紅光與綠光，所以黃光是紅光與綠光的疊加色光。

　　藍綠光（cyan青）：

　　可分散為藍光與綠光，所以藍綠光是藍光與綠光的疊加色光。

　　紫紅光（magenta洋紅）：

　　可分散為藍光與紅光，所以紫紅光是藍光與紅光的疊加色光。

白光：

可分散爲多種色光，所以白光是紅、綠、藍三種色光疊加、再混合出黃光、藍綠光、紫紅光的疊加光。

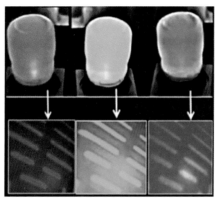

圖1-4-1　　紅、綠、藍色光三原色。

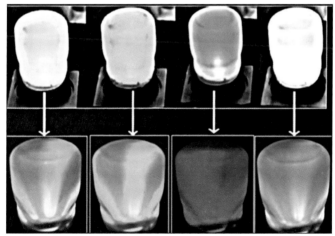

圖1-4-2　　由物體的影子，使混合色光再分散出來。

　　這個LED燈底座的構造，必定是有紅、綠、藍三顆原色燈，經電路控制才能依序呈現出這些色光，然而這種形式的LED燈很小、三燈緊密相

靠，開燈時燈光刺眼、不能直視，如何設計實驗以進一步探究呢？

濾光觀察光源：

　　起先用大口徑的手持放大鏡觀察，未能究竟，改用觀察日食的黑色濾光玻片濾光，降低燈的亮度至可以目視，再運用手機拍照功能，放大觀察並記錄。

　　觀察結果印證推論正確，紅、藍、綠三個原色光源，被安裝在一個圓形、直徑只有0.4公分的框架——電路板上，排列略成一個正三角形，依順序單一或兩兩、或三者一起發光（圖1-5）。

圖1-5　紅、綠、藍三個原色光源，被安裝在一個圓形的框架上

經平凸透鏡投射到天花板上：

　　之後又在燈上加了一個半球形像小蘑菇頭的平凸透鏡（圖1-6），由水晶平凸透鏡將LED的燈光投射到天花板上，仔細調整焦距，三色光源能更清晰地呈像（圖1-7）。可能是因為水晶玻璃的材質透明度高、曲率大、放大成像較優。

圖1-6　平凸透鏡——半球形：直徑5公分

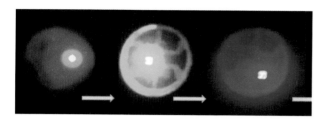

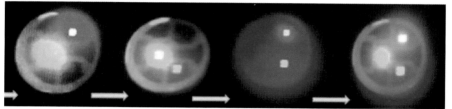

圖1-7　半球形水晶平凸透鏡，將LED的燈光投射到天花板上之影像。

第二節　一顆三色疊加的七彩LED燈珠

　　曾經在電漿球主題的研究中，以各色LED燈珠做過一些實驗，其中有一種看似無色透明的，在暗室中受到電漿球高壓交流電場的感應，居然發出了綠色的亮光（圖2-1）！

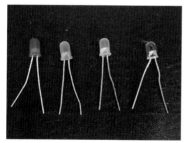 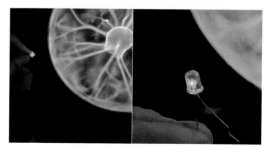

圖2-1　左：各色LED燈珠
　　　　右：手持那顆透明無色燈珠靠近電漿球，竟然發出綠色亮光。

太神奇了！盯著它看，竟然又有意外的驚喜：怎麼好像燈珠之中還有紅光的亮點？咦？再看又變成藍光亮點？這究竟是怎麼一回事啊？

是我眼花了嗎？靠近電漿球的其他LED燈珠，受到高壓交流電場的感應，都是亮出原來的單一色光，如紅光、橙光、黃光。這一顆怎麼會不一樣呢？

將燈光投射在屏幕上：

嗯，這些LED燈珠除了受到電漿球高壓交流電場的感應會亮燈之外，還可以用電池接電使它發光啊！於是趕緊動手重新追蹤這個新的發現！

用兩顆1.5V電池供電，暗室中燈亮了，再將燈光投射到白色屏幕上，精彩的燈光秀就開始了：

你看！同一顆LED燈珠，亮燈之後投射在屏幕上的，竟然會自動變色：

由綠光→紅光→藍光→綠紅疊加的黃光→綠藍疊加的藍綠光→紅藍疊加的紅藍光→紅綠藍疊加的白光→綠光。繼續如此依序循環變化（圖2-2）！

這樣的閃光變化和之前那個小夜燈十分相似，只不過小夜燈的電路板中有紅、綠、藍三顆LED燈的晶片，由IC控制輪流亮燈，完成色光疊加的組合。

看來這顆LED燈珠在綠豆大小的燈罩之中，竟然暗藏玄機呢！科技的進步印證了「芥子納須彌」的可能性嗎？如何驗證呢？

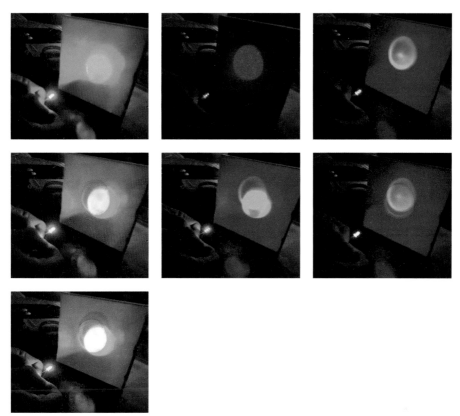

圖2-2　小小一顆LED燈珠，竟然能演示多種色光的疊加變化。

投射到天花板上的觀察和記錄：

　　仿照前一節LED小夜燈的探索方法，將燈珠雙腳插在泡棉上站穩，由下方接上電池通電，在其上方放置一個半球形的水晶平凸透鏡（圖2-3）。

　　將燈光投射到天花板上，見到三色光源能清晰地呈像：

　　由綠光→紅光→藍光→綠紅疊加的黃光→綠藍疊加的藍綠光→紅藍疊加的紅藍光→紅綠藍疊加的白光→綠光……如此依序循環變化（圖2-4）！

圖2-3　依序完成「將LED燈珠的光，投射到天花板上」的裝置。

圖2-4　拍照記錄LED燈珠投射光的變化。

觀察一顆七彩LED燈珠的內部結構：

　　依據觀察天花板上投射光的變化，推論此LED燈珠之中應該有紅、綠、藍光的三種芯片，IC電路控制它們先後分別單獨點亮、兩兩點亮以及三色光同時點亮，產生不同的色光變化。

　　於是用手機由頂面放大15倍拍照，清楚觀察到了燈珠內部的結構：

　　負極引腳在LED燈罩內有一個比較大的平台，其上有3個LED燈的發光芯片，它們可分別發出藍光、紅光和綠光；另一個小的方塊就是一個控制的芯片，控制3個發光芯片的發光亮度、先後順序以及發光時間的長

度，表現出閃爍變色等功能，此芯片是由CMOS電晶體製成的IC完成控制管理的任務。

　　這些元件之間有極細的金屬線連在一起，構成LED燈珠中的電路。這是一個我們能接觸、能動手探索觀察的半導體產品，並且能夠用手機照像記錄（圖2-5、未修片）。

圖2-5　七彩LED燈珠內建奈米晶片，控制上方R、G、B三個色光芯片。

　　市售的此類產品有兩腳和四腳兩種。兩腳的就有內建驅動IC，在通電後能自動變換顏色，變色週期是10～15秒。

　　四腳的七彩直插式LED燈珠，是將控制器的三根線引到燈罩外面，構成四個引腳，三個引腳可分別控制紅、綠、藍三個發光的芯片，而其中最長的一個引腳是共用引腳（圖2-6），市面上可以買到「共陰極」和「共陽極」兩種。

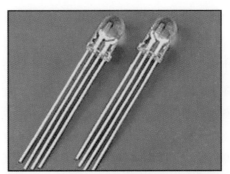

圖2-6　四腳的七彩直插式LED燈珠

第三節　嘗試設計一盞我們自己的LED神燈

我們對彩光小夜燈、七彩LED燈珠和其相關技術進行了全面的探究，充分瞭解到它用一個簡易的發光模組，經由IC電路控制LED的色光疊加、變化順序和變色的時間。初看固然十分有趣，但它的工作模式終究是一成不變的，我們能不能動動腦，再研究改良其中的變化和應用呢？

近年來逛街時，在許多店面櫥窗內外，常常見到LED組成的跑馬燈，或是各式各樣的電子看板，資訊的動態展示十分吸睛。

在許多晚會活動上，觀眾們隨著節拍搖擺著自製的手拿電子看板，上面寫了偶像的名字和各種加油的標語，明暗閃爍為現場增添了活潑熱鬧的氣氛。它和我們探究的LED燈，看似有異曲同功之妙，但是這些電子看板除了一個固定的多孔插板之外，上面的LED單體可以隨心所欲的排列組合。

這點倒給了我一個靈感，不妨也去買零件DIY，從實作中繼續研發。

插板DIY色光的疊加實驗

做色光的疊加實驗，DIY需要的道具如下：附電池座的LED燈珠插板，紅、綠、藍三種顏色的平頭LED直插式燈珠。

　　我們知道電路中LED燈的長腳須接正極、短腳須接負極，但是市售插板專用的LED燈珠，燈腳往往都已被剪短了，幸好我們還可以透光查看燈罩，以區分原本哪隻是長腳、哪隻是短腳？您看出來了嗎？

　　照光後觀察，商品LED燈珠的燈罩中，兩片構造的大小不同，接長腳者比較小（p型半導體）、接短腳者比較大（n型半導體）（圖3-1）。

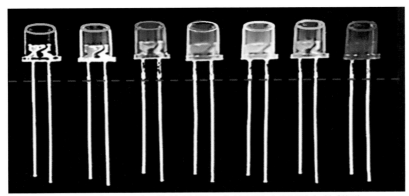

圖3-1　　一般LED燈珠的外型，以及透光燈罩內的構造。

　　拿到LED燈的插板（30×15公分），看到上面有許多密集而且整齊排列的小孔（圖3-2）。放大觀察，插板的反面：正極的插孔標示了「十」，而負極的插孔則無標示，各行各列的正、負極插孔依序排列，只有當LED燈珠的長、短腳插對位置，才能形成通路亮燈（圖3-3-1）。

　　不過實際動手時，發現LED燈珠從插板的正面或是反面插入都可以，所以選擇由有標示的那一面插入燈珠，工作就會更加順利了（圖3-3-2）。

　　所有的正極插孔都互相連通，所有的負極插孔也都互相連通，但是正負極之間的電路須靠開關去連通，這是各燈珠並聯的電路。

圖3-2　　LED燈珠的插板和電池盒

圖3-3-1　　插板上平頭LED燈珠，以及插板反面燈珠露出的白色燈腳。

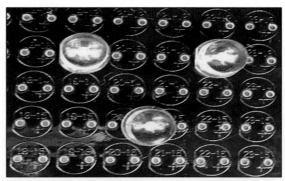

圖3-3-2　　可以改由有標示的那一面插入燈珠。

　　插板原附的電池盒需加四顆1.5V的電池，檢視第一顆LED燈珠是否插對位置時，就覺得燈光十分刺眼完全不能直視，只好立刻關閉電源，在插入其他的兩顆燈之前，先拿一張白紙預備蓋著擋光，然後打開電源，此時三燈同時發亮，色光向四面發散。

　　於是靈機一動，順手拿一個小紙筒將三個LED燈一起圈住，上方蓋上白紙再稍微拉高，就見到了色光的疊加（圖3-4），暗室中觀看疊加的效果還更加清晰。這不就是課本上的色光疊加圖嗎？我們竟然親手做出來了！

圖3-4　　紙筒圍住LED燈珠，上方用白紙承接，看到色光的疊加。

　　檢視前項實驗，提出改進的方法：市售IC電路使LED燈一直閃爍；又不能選擇想要用哪些色光疊加，如何改進？決定不用現成的隨插板，另外設計實驗，並且一再測試、不斷精進。

設計可手控的專屬神燈：

　　用紅、綠、藍色光三原色的LED直插式燈珠，DIY色光疊加的進階版：

· 選用平頭的LED燈珠，三燈的電源完全獨立；各用兩個1.5V電池，電池盒上有閘刀開關。

測試發現：平頭的LED燈珠散光的角度比圓頭者，更適合本實驗。

· 須調整色光三原色三個LED燈珠的放置位置，形成一個正三角形，才能使疊光圖形中各色光的比例合宜。

LED燈珠固定在紙杯底面，引腳與電池的電線連接，注意各LED燈珠的長腳須接正極、短腳須接負極。

· 可隨意選擇要何種色光疊加，燈光也不再像上述市售者，由電路版控制得不停閃爍（圖3-5）。

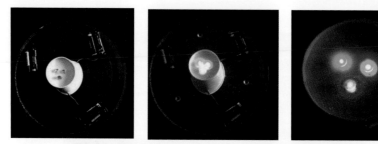

圖3-5　用平頭LED燈珠做色光疊加實驗的設計

· 加兩層紙筒，圍住三顆LED燈珠（圖3-6）：

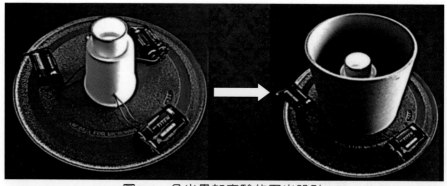

圖3-6　色光疊加實驗的圍光設計

· 內層小紙筒用來圍住燈光，使燈光不致向四面散開；

外層較高大的紙筒，不但也圍住了燈光，更可托住承接疊光的屏幕。

· 大紙筒上放置半透光塑膠板或白紙承接燈光。暗室中觀察結果如圖
3-7。

· 親自做過這個實驗的人，都會讚嘆觀察到的結果，因為LED的色光明
亮、純正、疊光效果極佳。

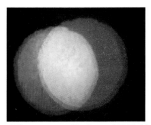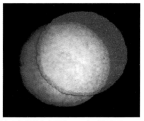

圖3-7-1　色光三原色的兩兩疊加，實景拍攝DIY的實驗結果，未修圖。

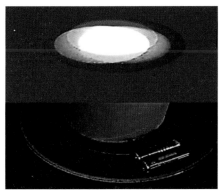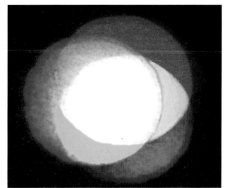

圖3-7-2　色光三原色的疊加，實景拍攝DIY的實驗結果，未修圖。

· 暗室中可清楚看見色光三原色的疊加：

紅、綠疊為黃光；藍、綠疊為藍綠光；紅、藍疊為紫紅光；

紅光、綠光、藍光疊加為白光。

　　還可以利用這個實驗說明光的互補色原理（圖3-8）：

· 白光中扣除紅光的成分會成為藍綠色光。紅光（red）和藍綠色光
（cyan青）相加可生成白光，此二色光稱為「互補色光」。

· 白光中扣除綠光的成分會成為粉紫色光。綠光（green）和粉紫色光
（magenta洋紅）疊加會成為白色，此二色光稱為「互補色光」。

· 白光中扣除藍光的成分會成為黃色光。藍光（blue）和黃色光（yel-
low）疊加也會成為白色，此二色光稱為「互補色光」，這個現象稱為
光的互補色原理。

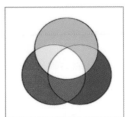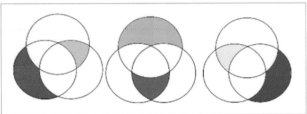

圖3-8　兩色光疊加成為白光時，稱它們為互補色光。
（例如：紅光和藍綠色光、綠光和粉紫色光、黃光和藍光。）

　　這個色光三原色的疊加，是由紅、綠、藍色光三原色的LED直插式
燈珠做出來的神燈，在暗室中美麗極了！它是自己設計、動手自製的、
獨創的一盞神燈，顯示了STEAM（Science-Technology-Engineering-Art-
Mathematics）的課程精神。

　　我們由一個撿來的電子零件開始發想，設計實驗進行探究，直到完整
學習市售七彩LED燈珠的結構與功能。

　　依據這樣學到的「色光的疊加」知識，進而利用晚會上常見的LED燈
珠插板，創作出可自主操作標準色光疊加的一盞LED道具神燈。

　　有了它之後才可以用來演示說明：各式顯示器為何每個畫素各有
紅、藍、綠三色光，靠著色光的疊加組合，螢幕就能產生上百萬種色光，
集合所有光點就能呈現極為生動逼真的高畫質彩色畫面。

第四節　簡介LED發光二極體

　　LED全名是發光二極體（Light emitting diode），是一種固態光源，可以將電能轉化爲光能的半導體元件。

通路中：

· LED燈長腳須接電源的正極，因爲它是帶有正電荷的P型半導體（positive-type semiconductor）。

　LED燈短腳須接電源的負極，因爲它是帶有負電荷的N型半導體（negative-type semiconductor）（圖4-1）。

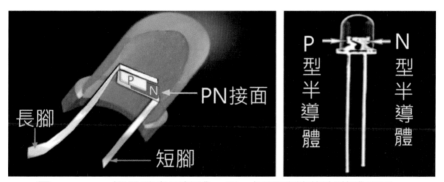

圖4-1　LED燈是發光二極體，長、短腳連接的半導體不同。

　　發光二極體具有效率高、壽命長、不易破損、反應速度快、可靠性高等傳統光源不及的優點。而光線的波長、顏色，跟其所採用的半導體物料種類與摻入的元素雜質有關。

　　20世紀80年代中期對砷化鎵和磷化鋁的使用，使得第一代高亮度紅、黃、綠色光LED誕生，發光效率已達到10流明／瓦。

　　1993年，日本日亞化學公司的中村修二（Shuji Nakamura）利用半導體材料氮化鎵（GaN）和氮化銦鎵（InGaN）發明了藍光LED。在1995年

中村修二採用氮化銦稼又發明了綠光LED，在1998年利用紅、綠、藍三種LED製成白光LED。

1996年，日亞化學公司在日本最早申報的白光LED的發明專利就是在藍光LED晶片上塗覆YAG黃色螢光粉，通過晶片發出的藍光與螢光粉被激活後發出的黃光互補而形成白光。藍色和白色光LED的出現，拓寬了LED的應用領域，使全彩色LED顯示、LED照明等應用成為可能。

中村修二等三個人，因發明藍光LED於2014年獲得了諾貝爾物理學獎。

21世紀初，LED已經可以發出任何可見光譜顏色的光（還包括有紅外線和紫外線）。

第四章

用偏光片體驗偏振光

立體電影初體驗

在2015年的某一天，朋友傳來的訊息：哈囉，你不是一直想看台中自然科學博物館的3D立體影片嗎？館方因為內部更新、劇場暫停了一段時間，我聽說現在增加了設備，影片的內容也更新得更加的精彩，想不想一起去體驗啊？

當然想啊！怎麼會不？約定好了日子，我們就充滿期待的一起到了科博館，購票入場，在進入劇場之前、每個人都獲得了一個有趣的小道具，這是一個立體眼鏡，影片開始播放，我們戴上了眼鏡觀看，聲光效果都比從前還要更上一層樓。經過了一場精彩的聲光科技洗禮之後，我們心滿意足地步出了這個劇場。

第一節　偏光立體眼鏡

這時候看到大家都把戴過的眼鏡，放到回收桶裡面，我靈機一動，覺得手上的這個眼鏡丟了可惜，應該可以帶回去再深入的研究，看看還有沒有其他的應用面。朋友也很慷慨地把他的眼鏡送給了我，於是我就有兩副立體眼鏡了。

在回家的路上，充滿興趣地把玩這兩副眼鏡，心裡想這到底是什麼樣的科學原理，可以讓2D的影片在我戴上這個眼鏡之後，看成3D的呢？

發現這副眼鏡它能夠過濾光線，使明度降低，除此之外在兩副眼鏡偶爾交疊的時候，光線變得更暗了，此時我把兩副眼鏡轉成上下顛倒疊加，發現光線慢慢變暗、直至完全不透光，再把它轉回來，又恢復成可以透光（圖1-1）。這個不尋常的功能和立體視覺有什麼關係呢？經過多次嘗試、還上網查詢一些資料，掌握了一些基本知識。

圖1-1　立體眼鏡：兩副鏡片疊加或兩副上下顛倒疊加，透光度不同。

　　現代物理已證實光的本質是一種電磁波（Electromagnetic wave），電場、磁場和光的傳播方向，三者互相垂直。而立體眼鏡的鏡片是一種「偏光片」（Polarizer），能夠將光偏極化（polarization），也就是當一般的光線通過偏光片時，各種振動方向的入射光，只剩單一特定方向的偏振光（polarized light）才能通過（圖1-2-左）。

　　科博館立體劇場的電影非比尋常，是以兩臺放映機對準同一銀幕，分別同時放映二種互相垂直的偏振光，藉由戴上「偏光立體眼鏡」使左右兩眼視野各自對應。左右鏡片為一對濾光方向互相垂直的偏光片，便能使左右眼分別看到能通過該片的偏振光影像（圖1-2-右）。人類雙眼瞳孔間距約6.3公分，而各自有不同的視野。兩個平移且不同視野的影像，經雙眼接收、視神經傳送、在腦中重疊形成立體影像。

　　更進一步歸納這種立體的三大關鍵技術為：特製的立體影片、兩臺放映機協同工作，以及觀眾佩戴的偏光立體眼鏡。有關於立體影片的製作細節，牽涉電影技術的專業，我們暫且不談，至於立體眼鏡的結構及其工作原理，較為簡單，是我們可以深入探討學習的。

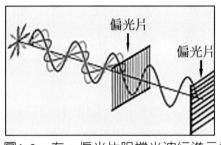
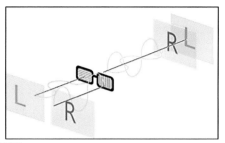

圖1-2　左：偏光片阻擋光波行進示意圖

　　　　右：偏光3D電影成像原理之示意圖

第二節　偏光片與偏振光

　　既然已經知道立體眼鏡的鏡片是偏光片，我就上網購買大張的偏光片，打算剪成許多小片來備用，待收到實物後，在檢視的過程中，無意間又發現了一個新的玩法。

兩片偏光片交疊的再探索

　　一片偏光片拿在手上，就像一張不起眼的透明塑膠片，它除了是光線略顯黯淡之外，看起來並沒有什麼特別的地方。但是當我們把它表層護膜撕掉、放到裝備有光源的平板看片機上，再把科博館的偏光立體眼鏡平放在它的上面，偏光片就開始發揮作用了（圖2-1）。

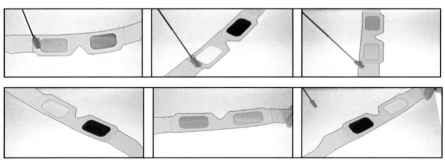

圖2-1　偏光片下方打光，其上偏光眼鏡放置角度不同，透光變化不同。

　　由於兩層偏光片疊加，透過的光線變少，所以我們看起來鏡片變得更暗了，平面旋轉這副眼鏡，就看見左右兩邊的鏡片產生了一明一暗的變化，持續再旋轉，原本較暗的鏡片會變亮，而原本較亮的鏡片則會漸漸的變暗，直到變為全暗，我們還要再深入的探究。

　　請朋友先用雙手持偏光片遮住臉部，見偏光片看似透明但略為遮光，因為她原本白晰的膚色，一下就變得略顯暗沉；我再拿一張偏光片相互疊加，使其遮光程度增大，此時兩人相視都笑了出來，我看她好像變成了一位黑美人，她眼中的我應該也變黑了。

　　再依循之前的手法，慢慢旋轉手中的偏光片，眼見此二片交疊的範圍內越來越暗，直到二者互相垂直時，幾乎完全不透光，看不見對方了（圖2-2）。

圖2-2　　「又是好大的一面西洋鏡，不拆穿弄個清楚怎麼行！」

光以斜交角穿過新介質的變化：

　　我們發現將兩片偏光片重疊，當兩者的偏振方向互相平行時，通過第一片的偏振光能夠繼續通過第二片，因此看似透明，但亮度明顯降低（變暗）。

　　而當兩者的偏振方向互相垂直時，通過第一片的偏振光會被第二片擋住，光線無路可走，看起來就完全變黑。

　　當然不是只有這麼簡單，正在收拾準備要完工的時候，卻發生了一段精彩插曲，這無意之間的發現卻成了意外的收穫，因為突然瞥見手上黑色偏光片的裡面怎麼會出現一個亮亮的三角形呢（圖2-3）？

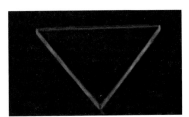

圖2-3　夾在兩張偏光片中間的一片三角形厚玻片

　　再拿近仔細一看，原本應該是全黑的、直交角交疊的兩張偏光片中間，匆忙之中夾進了一片三角形的厚玻片，將厚玻片反覆地抽出來、再放回去，一面仔細觀察、一面認真思考，兩張偏光片正相交疊加，由後方打光，片幅中幾乎無光透出，只能見到玻片的三條邊線。

　　可見夾了玻璃一樣不透光，光波卻能借道玻璃邊緣穿透，檢視該玻片厚約1公分，其三邊兩面均經仔細打磨倒角（Chamfering）。

　　偏光片重疊會變黑是因為光波無路可走，那因打磨形成的斜角，就好像為光「造橋舖路」，經此斜角才有路可行，在一片黑暗中重現光明！我們學過：光以直交角穿過新介質不偏折，光以斜交角穿過新介質會折射（圖2-4）。

推論旋光物在兩片正相交偏光片中的效應

‧兩張偏光片正相交疊加，光源之光波經過第一張偏光片，就變成了平面偏振光，此光繼續前進遇第二張偏光片，因其振動方向與第二張偏光片的偏振方向垂直，受阻無法通過，所以外觀呈現全暗。

‧若原本兩張正相交疊的偏光片之間，有新介質（旋光物）以斜交角加入，使光波產生折射，此光的振動方向和第二張偏光片偏振方向不再是

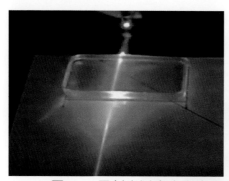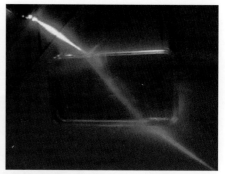

圖2-4　雷射光以直交角穿過不同的介質：空氣→水→空氣

左：直交角進新介質光不偏折　右：斜交角進新介質光會折射

互相垂直，藉由第二張偏光片的偏振作用可使部分的光透出。設法將上述內容畫出示意圖（圖2-5）：

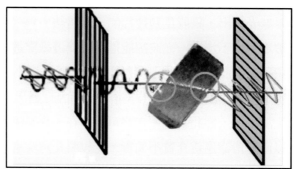

圖2-5　偏振光遇斜交角的新介質，折射、穿出第二片偏光片之示意圖。

偏振光會「找」路？——驗證設計、實作與探討

設計：為了充分證明以上推論，又精心設計了以下實驗：

· 找一片平板狀的透光物體作為新介質，夾入兩張正相交的偏光片之中，此平板須具有斜角使光折射。

器材、實驗步驟與觀察：

· 兩張偏光片正相交疊加，置於平面看片機（光源）上。

· 平板壓克力藝品，夾入兩張正相交的偏光片之中。

· 打開光源，見藝品所有雕花部位皆有光透出，而無雕花部位則保持全暗，形成強烈對比，藝品所雕花紋立體浮凸，呈現生動而逼真的熱帶海洋風情（圖2-6、2-7）。推論得證。

圖2-6-上　以各種角度、不同深淺粗細雕刻壓克力板，形成無數斜角。

 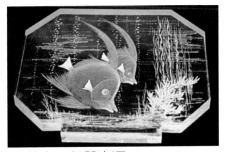

圖2-6-下　左：將平板藝品置於一片偏光片上，打開光源。
　　　　　右：蓋上第二片和第一片偏光片正相交，圖樣亮暗分明。

圖2-7　美麗的珊瑚礁水域，神仙魚悠遊其間，海草也搖曳生姿。

第三節　偏光片的多元驗證實驗

新介質的多元驗證：

　　延伸前項設計，重點放在新介質的多元驗證：「找一片平板狀的透光物體作為新介質，夾入兩張正相交的偏光片之中，此平板須具有使光折射的構造。」說到平板狀的透光物，想當然耳最容易取得的，莫過於透明或半透明的紙類。

　　隨手拿到一個淡光紙藥包，上面印有可愛的卡通圖樣，依樣畫葫蘆地夾進兩張偏光片中，對著窗外一看，沒想到一試就成功了，整個白色藥包從漆黑一片中清楚地顯現出來（圖3-1）。

圖3-1-1　白色藥包從兩張正相交的偏光片之中，清楚地顯現出來。

　　連續試了好幾種紙都不行，直到放入透明餅乾袋和袋子裡的一包脫氧劑，它們夾在不能透光的兩片偏光片之中，居然也能透光讓我們看到，轉一下、還會變色（圖3-1-2）！

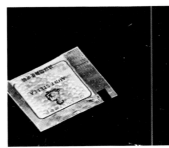

圖3-1-2　在兩張正相交的偏光片之中的玻璃紙（餅乾袋和脫氧劑）。

查詢資訊得知：
・藥包紙，是一種格拉辛紙（glassine paper），由木材紙漿纖維形成網目狀構造，具有微細的氣孔，具有高透明性。
・玻璃紙或玻璃紙膠帶，在製造過程中，其分子已被排列為具有「沿著膠帶長與寬方向雙折射（Birefrigence）」的特性。即偏振光透入時，振動方向分別平行於膠帶的長與寬方向行進。

分析：
・藥包紙、玻璃紙的構造，符合偏振光行進的條件，才能看到上述的現象。

選用有雙折射性的膠帶，設計方法、驗證上述資訊：
・透明板貼膠帶，放在兩片正相交的偏光片之中，透光觀察。
・膠帶的貼法：直貼、橫貼、斜貼；透光觀察（圖3-2）：

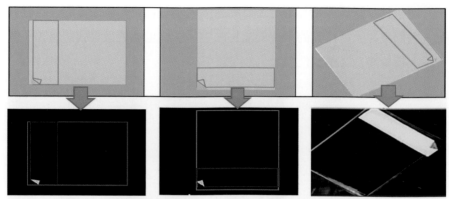

圖3-2　透明板夾在上下正相交兩偏光片之中

左：膠帶直貼　中：膠帶橫貼　右：膠帶斜貼。

解釋：

・兩偏光正相交疊加，光由底層偏光片透過，形成單一方向前進的偏振光。

・偏振光透入直貼的和橫貼的膠帶，都無法透出上層偏光片。

・斜放的膠帶能讓偏振光透出上層偏光片，此時呈黃光透出，表示膠帶將偏振光旋轉、折射，才能「透出黃光、並且阻擋了其他的色光」（圖3-3）。

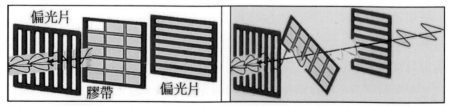

圖3-3　示意圖：

膠帶斜放於兩正相交偏光片之中，偏振光旋轉、折射，透出。

將上述實驗稍改一下，旋轉透明板上層偏光片，使它與下層偏光片的偏振方向互相平行，發現膠帶透光的顏色由黃變藍了！上層偏光片每轉

90度，膠帶呈現原來色光的互補色（Complementary color）（圖3-4）。

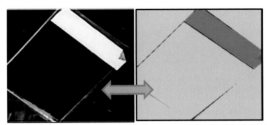

圖3-4　左：上下正相交兩偏光片中，透明板上斜貼膠帶呈黃色。

　　　　右：上下平行之兩偏光片中，透明板上斜貼膠帶呈藍色。

　　這樣的觀察結果，到底能不能適用所有的色光，或者只是偶爾間矇對了，只適用於這兩種顏色（黃、藍）呢？既然有了這樣的疑惑，促使我們將同樣的材料貼上相同的膠帶，這一次給予數量上的疊加：

· 透明板貼膠帶，斜放在兩片正相交的偏光片之中，透光觀察。

· 膠帶的貼法：分成四行平行間隔黏貼，黏貼層次分別為1、2、3、4層；於下方加貼一垂直方向的膠帶，作為上下偏光片是否為正相交的參考。

· 繼續將上層偏光片連轉三次90度、透光觀察（圖3-5）：

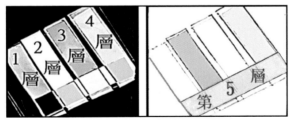

圖3-5-1　透明板上膠帶黏貼層數，並斜放夾入偏光片中。

實作結果：

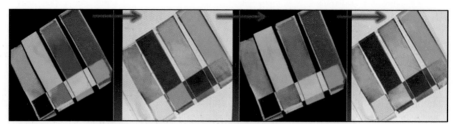

圖3-5-2　連續透光觀察，上層偏光片連轉三次90度的實作結果。

解釋：

· 兩張偏光片正相交疊加，夾入斜貼的膠帶，由上層偏光片看下去，隨著膠帶黏貼的層次不同，顯示的色光就不同。

· 上層偏光片每轉90度，膠帶呈現的色光變為原來的互補色光。

· 每轉360度，相同的色光會出現兩次。

分析與討論：

· 白光由一張偏光片後方透出，即成偏振光，再穿過斜放的膠帶，讓偏振光旋轉、折射，透出第二張偏振方向為正相交的偏光片，並顯出色光。

· 上層偏光片每轉90度，斜放的膠帶呈現原來的互補色光（圖3-5-3）。

圖3-5-3　上層偏光片轉90度，斜放膠帶的色光變為原來的互補色光。

互補色光原理　講清楚說明白

· 當同亮度的兩種色光疊加，被大腦解讀為白光時我們稱它們為互補色光。例如：

黃光＋藍光；綠光＋洋紅光（magenta）；紅光＋藍綠光（cyan青）。

·將可見光所有頻率混合起來，看到的是白光。

將相同亮度的紅、藍、綠三種色光等量組合混合，看到的也是白光。

·混成白光的各色光波長不同，經歷以上過程，必然濾掉了某一色光A，使我們只能看到通過的色光B。經查證A、B二者正是互補色光（圖3-6）。

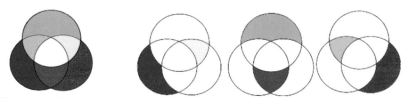

圖3-6　兩色光疊加成白光，二者為互補色光，例如：黃光和藍光。

·不同於顏料混色，越加越暗濁；色光混加，反而會越加越明亮。

·可以將自己的作品，與色光疊加圖相互檢核（圖3-7）。

·以特殊實作方法，學習光的色散、疊加、互補；以另類方式落實美學基礎。

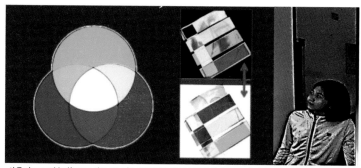

圖3-7　將自己的作品與色光疊加圖相互檢核，以口語傳達：互補色光。

第四節　設計兩種膠帶偏光玩具

一、偏光皮影戲Shadow play—臺中龍海國小

　　既然學會了以上多種偏光理論，當然會想要學以致用，說到這就不能不提到台中龍海國民小學的「偏光皮影戲」了，這可說是國內近年來相當受歡迎的典範之一，更是將課堂所學、靈活運用，並且融入多元素養的佼佼者，自從在2011年發表以來，深受各界的注目與好評。

　　龍海國小有幾位非常優秀努力的教師，帶領一群聰明活潑的小朋友，組成了一個皮影戲的研製以及演出的團隊，他們將臺灣三大傳統偶戲之一的皮影戲，充份發揮了「傳藝為體、科技為用」的精神，首先當他們學習到了這些基本的光學物理知識，聰明地聯想到可以與傳統藝術相互結合，並著手搜集資料、編寫劇本、製作道具、訓練演出，且在發表後連年參與各項的科學競賽，同時受邀赴多個學校，實地演出、廣受好評。

　　從過程中磨練出更優秀的技巧，以及累積經驗，俾能更精準的詮釋與表達，不斷地改良、不斷地進步，使得他們的這項科學皮影戲越來越有看頭：不管是充滿想像力的劇本寫作，或是精美的道具製作（DIY偏光皮影戲的每一件戲偶，都有科學—技術—設計—藝術—數學等領域的學習），再加上洗練的操偶技巧，以及流利的口條演出，使得他們的邀約連綿不斷、也引起更多的大小朋友們，對於這種寓教於樂的學習方法充滿了興趣。

　　並且意義更深遠的是：雖然原創劇本屬於天馬行空的想像，但是它的主旨非常的正確，宣導了校園反毒的思想，為家庭、學校、社會三元教育做出重大的貢獻。

偏光皮影戲的操作與觀察重點

‧對著光源看偏光皮影戲，調整前後兩層偏光片，使偏振方向互相平行或垂直，改變背景的明暗，並且展示人偶的互補色光（圖4-1-1）。

‧操作人偶的動作使旋光物改變角度，人偶的色光也跟著變化（圖4-1-2）。

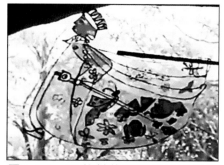

圖4-1-1　調整前後兩偏光片之角度，透光觀察偏光皮影戲的色光變化。

圖4-1-2　看偏光皮影戲：操作人偶的動作，觀察戲偶的色光變化。

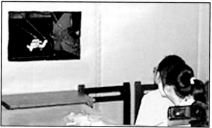

圖4-1-3　偏光皮影戲：演出中的臺後與臺前。

二、偏光萬花筒kaleidoscope

　　看過龍海國小的精彩演出，我們真是覺得既佩服又羨慕，於是心中產生了仿效的想法，無奈皮影戲的製作需要團隊的通力合作，再仔細想想有沒有自己可以獨力完成的、較為簡易的方式呢？把偏光片以及旋光物的相關原理，再前前後後仔細復習過一遍，結果想到了偏光萬花筒，它是一個人人可行、時時可做，而且也不需太多材料費的「銅板價實驗」，雖然它的材料簡單，製作方式卻需要細心、耐心，還可以任意揮灑個人的創意，所謂「戲法人人會變、巧妙各有不同」，等到作品完成之後，效果必能令人滿意。它的製作過程分享如下：

　　製作偏光萬花筒，需要用到兩張偏光片，可以從網路購買自行裁切，或是從科博館立體劇場用過的一次性偏光眼鏡取材，再思考如何依循前述的學習經驗，製作類似偏光皮影戲的偏光萬花筒！

　　仔細觀察偏光眼鏡內側，鏡片的左右特別用小字註明了偏光片偏光軸的方向（圖4-2）！此方向和鏡框傾斜了大約45°，所以貼膠帶時需依鏡框的垂直或平行黏貼，如此才能在透光觀察時呈現明顯的彩光。

　　偏光萬花筒DIY的工作多做幾次，能夠得心應手的時候，將工作的步驟逐條依序列出：

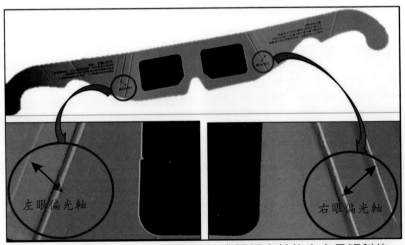

左眼偏光軸　　　右眼偏光軸

圖4-2　偏光眼鏡上，左右兩個鏡片光柵偏光軸的方向是傾斜的。

· 首先將心中構思設計的圖稿，以油性筆畫在蠟膜紙上（紙面有一層膠膜方便膠帶多次撕黏）（圖4-3-左），再將此圖稿剪成若干部件（圖4-3-右）。各部件圖稿分別黏貼不同層數的膠帶，完成後將各部件剪下備用。

· 將偏光眼鏡的兩個鏡片小心剪下（注意：須保留鏡片周圍紙框以便於黏貼），任擇一鏡片不貼膠帶，再將前項貼好膠帶的各部件，撕去底層的蠟膜紙，依原設計拼貼為一完整的圖片、貼在另一偏光鏡片上。

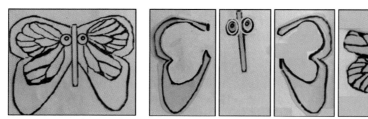

圖4-3　左：在蠟光紙上畫出圖稿　右：將圖稿再剪成若干部件。

· 將兩個大小相同的紙杯剪去底部中央，刻意保留一圈周邊，以便分別黏貼上述兩片偏光鏡片（圖4-4-1）。

· 將加工完成的兩杯套疊，注意黏貼之膠帶須夾在兩偏光片之中，旋轉時偏振光才會透出彩圖（如果未見彩圖，則將兩杯內外對調）。

· 因膠帶黏貼的層數不同、圖案各部位透出不同色光，轉動一個紙杯，另一紙杯不動，可見每旋轉90度，各色光與其互補色光交替互換（圖4-4-2）。

· 偏光萬花筒DIY的過程，有科學-技術-工程-藝術-數學等跨領域的素質培養。

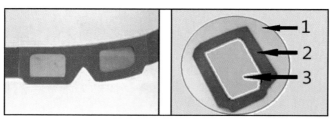

圖4-4-1　偏光萬花筒的製作材料：1-杯底　2-鏡框　3-偏光片

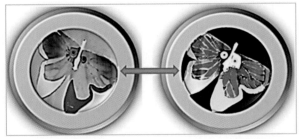

圖4-4-2　一個紙杯不動，另一紙杯每旋轉90度，見各互補色光交替輪換。

　　當一系列作品完成之後，讓人愛不釋手、滿意極了，回想在做第一件作品的時候，可說是「費盡了洪荒之力」，做出來的東西又醜又不成熟，但隨著堅持不放棄，繼續的嘗試累積經驗之後，做出來的成品就越來像回事了，之前所吃的苦頭這個時候都不算什麼，只覺得學會這一門知識、並且能夠自己動手實踐，實在是太值得了（圖4-5）！

圖4-5-1　同學們聚精會神地製作自己的「偏光萬花筒」

成果展示：

圖4-5-2 偏光萬花筒DIY的作品

第五節 偏光片與偏振光的生活科技

偏光片與偏振光的科技應用廣泛，幾乎與我們的日常生活密不可分，從中選取最具代表性的例證，探討如後：

· 相機鏡頭前的濾光鏡片

· 偏光太陽眼鏡：防眩光

· 材料分析上的應用：利用某些透明物體雙折射現象的光測彈性學，在工業上可用來分析物體所受的應力。

· 化工、製藥：利用振動面的旋轉（旋光效應），測量溶液濃度。

．地質、生物、醫學：廣泛使用偏振光干涉儀、偏振光顯微鏡。

．航海、航空：使用偏光天文羅盤、太空望遠鏡中的偏光鏡

．立體電影：拍攝、放映與觀賞。

．液晶顯示器（將詳述於下一章之中）

小結：

　　由科博館立體劇場的偏光眼鏡開始，以實作方式探索偏光片與偏振光。提出論證：兩張正相交疊的偏光片之間，有新介質（旋光物）以斜交角加入，使光波產生折射，即可通過第二張偏光片的偏振方向，使光透出。

　　接著以彫刻藝品、膠帶等介質進行多元驗證，證實上列論證。

　　再由兩張偏光片正相交疊加，夾入斜貼膠帶的實驗，發現上層偏光片每轉90度，膠帶呈現的色光變為原來的互補色光。此一容易準備的實驗方法，可以放入國中「互補色光」的課程之中，因為「互補色光」的課程，正是學生們學習困惑不易主動建構概念的課題。

　　而延伸出來的兩種膠帶偏光玩具設計（偏光皮影戲、偏光萬花筒）深受中小學學生們的喜愛，尤其能落實STEAM的課程精神。

　　想想看，我們還可以用偏光片再延伸出哪些研究呢？請看下一章：液晶顯示器。

第五章

順藤摸瓜　一探液晶顯示器

在一次科展的攤位上，看到有人正在拆解一個電腦螢幕，要將其面板上老化的偏光膜除膠換膜，那是我第一次知道液晶顯示器（Liquid crystal display）上有偏光片。探究過偏光立體眼鏡之後，重新檢視液晶顯示器，發現可以順藤摸瓜、一探究竟。

第一節　生活中的液晶顯示器

由電視機說起：

以前的映像管（CRT-Cathode ray tube）電視又厚又重，如今都已經汰換成又輕又薄的液晶顯示器（LCD - Liquid crystal display）電視（圖1-1）了。

圖1-1　映像管電視又厚又重，如今的液晶電視又輕又薄。

　　生活中的液晶顯示器很多：過去的顯示器廣泛用於電腦、電視及各種監視設備，但隨著網際網路與無線電通訊技術的訊速發展，資訊化漸漸普及，可攜式液晶顯示器的資訊產品，如筆記型電腦、智慧型手機、數位相機等，均快速發展與成長（圖1-2）。

圖1-2　生活中的液晶顯示器

　　這些顯示器上能顯示明暗及色彩的變化，其中偏光片的功能是什麼呢？又為什麼要稱做液晶顯示器呢？

第二節　液晶顯示器裡的基本構造與功能

一、液晶顯示器螢幕與偏振光

　　之前做完了偏光片與旋光物的實驗，將其中的餅乾袋抽出之後忘了收好，任其斜靠在電視螢幕前面，等到第二天再編寫立體眼鏡單元，戴上眼鏡環顧房內物品時，突然發現打開電視後，餅乾袋怎麼會發出醒目的虹彩色光？太奇怪了！因為我們並沒有拿兩張偏光片，將餅乾袋夾在中間，那這個眼睛所看見的色光，到底是從何而來的呢？

　　經過反覆探究並上網搜尋才恍然大悟，原來偏光片是液晶顯示器的關鍵性零件之一，從液晶電視所發出的光，並不是一般的自然光，而是電視

的內建光源，經過機內前後兩張偏光片，所透出的偏振光。

　　這一個令人興奮的大發現，激發了我的另一個靈感，想到用同樣的材料精心摺成一張玻璃紙鶴，這隻鶴跟它的原始材料一樣，在自然的光線下看似平淡無奇且透明無色，等到將這個「精心傑作」用手拿到電視螢光幕的前面，任意地模仿仙鶴遨翔的姿態，就看到它發出淡淡的虹彩色光，隨著角度的變化，它的顏色也微微的改變；等到再次加上看立體眼鏡用的偏光眼鏡之後，這隻紙鶴彷彿變身成為神話世界的夢幻仙鶴（圖2-1）。

圖2-1　　液晶電視螢光幕前的玻璃紙鶴

左上：肉眼直接觀察　　　　　　　右上：眼睛透過一片偏光眼鏡觀察

　　我一時玩得入神，頭也隨之左右擺動，頑皮地眯起一隻眼睛，突然之間看到螢幕變成黑色，玻璃紙鶴的虹彩色光，變得異常濃艷絢麗，顏色的變化實在是太強烈了，而且隨著我擺弄偏光眼鏡的角度不同，竟然能夠產生互補色光的變化，於是用手機透過偏光眼鏡，將這個畫面也拍了下來慢慢研究（圖2-2）。

　　仔細研究後發現，如果把眼鏡側轉，使背景色變黑，目標物會更加明顯；再以偏光片代替鏡片，重演實驗步驟，證明推論正確：

　　當兩張偏光片正相交時，夾在其中具有雙折射特性的旋光物，在視覺上看為發亮，其實本身並不發光，是旋光物使偏振光大量被其折射穿透的結果。

　　上、下各有一層偏光片時，上層偏光片每轉90度，兩層之間玻璃紙呈現的色光，會變為原來的互補色光。此時，紙鶴下層偏光片是電視提供的，上層偏光片是我手上拿著的。

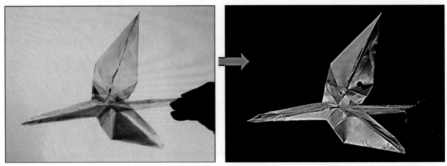

圖2-2　偏光鏡片與電視螢幕偏振方向正相交，背景變黑見互補色光。

上網查詢並整理：液晶顯示器的基本構造與功能

　　相關資料很多，必須閱讀、分析、整理，再自行繪圖說明：

・液晶是液態晶體，兼具「液體的流動性」與「晶體有一定規則排列性」的材料。

・懸浮於兩個透明電極間的一列液晶分子層，兩邊外側有兩個偏振方向互相垂直的偏振片。

・未施加電壓時，液晶分子會扭轉；施加電壓，液晶分子與電場方向平行（圖2-3）。

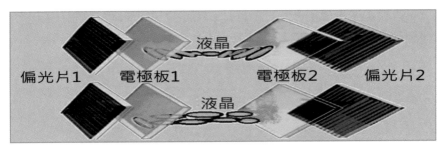

圖2-3　液晶顯示器的基本構造與功能

上：未施加電壓時，液晶分子會扭轉。

下：施加電壓，液晶分子與施加電場方向平行。

　　透明電極板由名稱上可知具有透光、導電的性質，此外它還有什麼特殊性質？

‧在導電板上塗佈一層摩擦過、形成極細溝紋的配向膜，配向膜和鄰側偏光片之偏振方向同向（圖2-4）。

‧液晶分子具有流動性，很容易順著導電板上配向膜的溝紋方向排列。

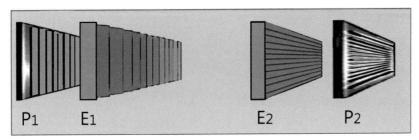

圖2-4　透明電極板上的溝槽方向：

　　　P1、P2為偏光片，E1、E2為透明電極板。

　　試用偏光片解釋液晶的「電光效應」（Electro-Optic Effect）（圖2-5）：

‧上排：通過一個偏振片（P1）的光線，偏振方向被液晶（LC）旋轉，那麼它就可以通過另一個偏振片（P2），外觀形成明亮的狀態。

‧下排：施加電壓（E1、E2），液晶分子傾向於與施加電場方向平行，
使通過一個偏振片（P1）的偏振光未被液晶旋轉，不能通過另一個偏
振片（P2），外觀形成黑暗的狀態。

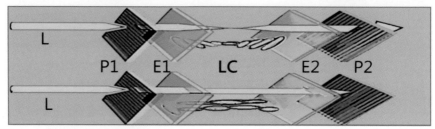

圖2-5　液晶的電光效應：

上：未施加電壓液晶分子扭轉，偏振光可通過兩片正相交的偏光片。

下：施加電壓液晶分子平行電場方向，偏振光不能通過第二偏光片。

‧施加電壓時，液晶分子傾向於與施加電場方向平行排列，利用外加電場
來產生光的調變現象，稱之為「液晶的電光效應」。

第三節　液晶顯示器的畫素單位

上網查詢並整理：

　　繼續上網查詢液晶顯示器畫素（pixel）單位的基本構造與功能，相
關資料很多，必須閱讀、分析、整理，再自行繪圖說明：

‧液晶顯示器的面板畫面內有幾百萬個畫素單位，各畫素有背光燈光源，
用小而薄的MOSFET電晶體為開關，獨立控制每個畫素的明暗與色彩。

‧液晶顯示器的每個畫素由以下幾個部分構成（圖3-1），仔細觀察這個
單位畫素的構造，找出它的特色來。

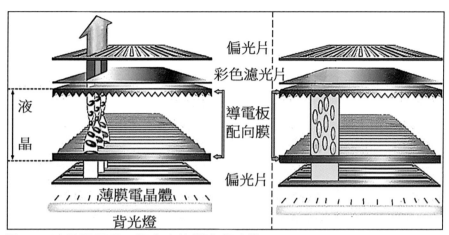

圖3-1　液晶顯示器一個畫素的構造與功能：
　　　　左：導電板未通電，液晶分子扭轉，偏振光通出顯示器表面。
　　　　右：將導電板通電，液晶分子不扭轉，偏振光未能通出顯示器。

看圖分析求解液晶顯示器的基本工作機制：

‧液晶顯示器的基本構造為上下兩片塗了配向膜的導電玻璃板，其間注入液晶；上下導電板外側各加上一片偏光片（二者偏振方向互相垂直）。

‧配向膜有一道道的溝槽，其方向與其鄰側偏光片之偏振方向相同。

‧導電板：未通電，液晶分子會扭轉偏振光；通電，液晶分子不扭轉偏振光。

‧MOSFET電晶體有「開關及放大訊號」的功能，控制一個液晶顯示器畫素的構造與功能。

‧上下導電板溝紋方向以90度垂直配置的內部，當液晶填入接近基板溝紋的束縛力較大，液晶分子會沿著上下導電板溝紋方向排列，中間部份的液晶分子束縛力較小，會形成扭轉排列。

‧若不施加電壓，則進入液晶元件的光會隨著液晶分子扭轉方向前進，因上下兩片偏光片和配向膜同向，故光可通過，該畫素表面形成明亮的狀態。

‧若施加電壓，液晶分子垂直於配向膜排列（homogeneous），即朝施加電場方式排列，則光無法通過第二片偏光片，形成暗的狀態。

‧此種以一個畫素的亮暗交替的方式可做為顯示用途。

液晶顯示器濾色玻璃片（Color Filter）如何工作：

‧我們看到的彩色螢幕，其色光來自液晶顯示器中濾色玻璃片的彩色濾光片，每個畫素分成紅色、綠色和藍色，是色光三原色（圖3-2）。

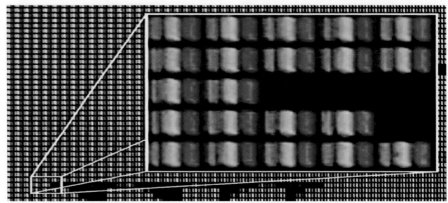

圖3-2　液晶顯示器面板的彩色濾光片：每個畫素各有紅、藍、綠三色。

（維基https://www.wikiease.com/wiki）

‧彩色濾光片的每個畫素各有紅、藍、綠三色，每個畫素都配置一個屬於它的電晶體開關，使得每個畫素都可獨立控制。

　靠著色光的疊加組合，液晶螢幕就能產生上百萬種色光，集合所有光點就能呈現極為生動逼真的高清畫面。

‧現代生活中最重要的科技應用，應該就是各種大大小小的液晶螢幕了，螢幕上所有整齊排列的光點（畫素），它亮暗的表現、色彩的變化以及速度的組合，構成了我們看到的彩色畫面。

‧至於明暗以及色彩變化的控制關鍵，就在於通過電場控制液晶對光線偏振方向的是否旋轉而實現的。同樣的螢幕面積，畫素越多，則畫面越細

膩、影像越逼眞。

‧其中，大型或中小型液晶面板之背光模組採用白光LED燈珠。

第四節　螢幕顯示器的演變

薄膜電晶體液晶顯示器（Thin film transistor liquid crystal display）

　　薄膜電晶體液晶顯示器簡稱TFT-LCD，是多數液晶顯示器的一種，它使用薄膜電晶體技術改善影象品質，應用在電視、平面顯示器及投影機上。

　　TFT-LCD面板是在兩片玻璃基板中間夾著一層液晶，上層的玻璃基板是與彩色濾光片、而下層的玻璃則有電晶體鑲嵌於上。當電流通過電晶體產生電場變化，造成液晶分子偏轉，藉以改變光線的偏極性，再利用偏光片決定畫素的明暗狀態。此外，上層玻璃因與彩色濾光片貼合，形成每個畫素各包含紅、藍、綠三原色光，這些發出紅藍綠色光的畫素便構成了面板上的影像畫面。

有機電激發光顯示器（Organic Electrical Luminescence, OLED）

　　OLED有機發光二極體具有自體發光技術，不像液晶電視需要背光板、也不需要偏光片，每個像素都可以獨立開啓關閉，可以呈現完美的黑色和無限的對比度，相較於OLED面板，傳統的LCD電視面版需使用和螢幕相同大小的背光模組同時發光，因此色彩對比度較相較OLED效果較差。

　　OLED電視的自發光技術可以輕鬆控制每個像素，讓畫面的顏色達到最純粹的效果，尤其在深色畫面的顯示，能看到較爲極致的黑色。

Mini LED顯示器

　　目前各大品牌廠也陸續推出採用Mini LED的終端產品，其Mini LED

用在背光源，取代傳統顯示器的LED燈珠＋導光板的背光模組。Mini LED顯示器本質上仍是液晶顯示器。Mini LED的尺寸大約是典型LED的一半。能夠在顯示器有限的範圍中安裝更多LED，使用更多的LED可以更輕鬆地建立更多數量的區域控光區以獲得更大的對比度。

以筆電背光為例，一台筆電約需要1萬顆Mini LED晶粒，而一台電視背光更是需要4萬顆；尤其Mini LED技術，讓螢幕內每一個LED的尺寸能不超過2毫米，也因為Mini LED擁有高亮度、高對比的高顯示效果，可以呈現出更多色彩的層次。

Mini LED市場越來越大，估計未來5年必會有更多廠商投入，但Mini LED成本仍無法降低，2022年出貨仍以蘋果為主，但估計2023年之後Mini LED的需求將會大爆發。

Micro LED顯示器

Micro LED是將LED微縮化和矩陣化的技術，將數百萬乃至數千萬顆小於100微米，比一根頭髮還細的LED RGB晶粒排列整齊放置在基板上。Micro LED同樣是自主發光，卻因使用的材料不同，可解決OLED的問題，同時還有低功耗、高對比、廣色域、高亮度、體積小、輕薄、節能等優點，由於Micro LED在高亮度、高對比度、高反應性及省電方面，都優於LCD及OLED，未來前景看好，目前Micro LED因其柔性高可撓曲的特點，為Micro LED顯示技術開創更多應用的可能性，主要應用在穿戴式消費性如手錶、手機、車用顯示器、AR/VR、顯示幕及電視等領域。

且Micro LED結合LED晶粒製造、IC驅動設計、封測及組裝等供應鏈，以及臺灣在LED、面板、半導體都有完整的產業優勢，對臺灣產業相當有利，若臺廠能掌握發展契機，就可助臺灣顯示產業創造高產值。

螢幕顯示器的演變：因LED的終端產品和IC驅動設計、封測及組裝等製程的不斷精進，螢幕顯示器的產品變得越來越薄、越輕，畫面更加清

晰，功能和效果也更加多元和成熟。大家最能感受到的是人人每天都機不離手的手機。

第五節　初探液晶顯示器的學習歷程

鷹架（Scaffolding Instruction）學習理論

　　上個世紀電晶體將電子工業帶上了康莊大道，接著半導體晶片、積體電路、LED、光纖通信、液晶顯像、硬碟貯存、iphone等電子科技高速發展，大大地改變了我們的生活。

　　初探目前主流市場液晶顯示器（TFT-LCD）的構造與功能，發現它的物理有一定的深度，對科普知識來說，如何深入淺出地呈現呢？為此著實猶豫了一番。但是突然意識到如果我們先由偏光眼鏡、色光疊加等學起（近側發展區zone of proximal development），再引入液晶顯示器的學習，就可讓大家依此鷹架獨立解題了。

　　其中的電晶體和背光板上的LED燈是屬於電學半導體元件，而偏光片則是光學元件，說明光電科技必須整合光學及電子學，成就此跨領域的科技結晶。

　　經過這樣的一番引導之後，學習者都可以具備足夠的先備知識，並產生強烈的學習動機，個個會想要主動探究：

‧電晶體是個什麼樣的東西？為什麼它能當作快速而可靠的控制開關？

‧由液晶顯示器發現：原來LED在電器中有如此多樣的功能！

　　本章以手折玻璃紙鶴為道具，檢視家用電視螢幕的偏光片，作為多元學習的範例，既豐富了東方傳統藝術的素養，也藉此進一步延伸了前一章內容的學習。

「探究過程」的教學實例：

　　本章提供實踐探究教學的參考範例，讀者也可以內化為自身的學習模式，其探究過程如下：

探索（exploration）：

· 以之前偏光片和色光疊加的學習認知，加入查詢的液晶訊息，作演繹思維的說明，詮釋液晶顯示器的科學知識。

· 液晶訊息的查詢，視情況由學習者自行工作，或直接提供。

· 電晶體的認識，可以簡單說明，或另行課程安排、或提供便捷的網路內容。

交流（communication）：

· 與網路資訊、書籍課本、專業人士查詢請益。

· 以中、小學研習教師為試教對象，測試他們的學習成效。

· 在學術研討會上發表、交流（2017國際高峰論壇新教育研究院，中國海門）

解釋（explanation）：

· 在探究結果的交流中淬勵論證與表達的能力。

評價（evaluation）：

· 以液晶顯示器為例，使教師經歷「科教理論與實務融合」的研習；為學校彈性課程，提供新的教學資源。

· 設計精緻的概念架構、建置適宜的學習情境，才能供學習者在探究活動中精煉批判思考、創造思考和解決問題的能力。

第六章

電晶體

　　電晶體（Transistor）是積體電路（Integrated circuit, IC）中最重要的元件之一，它的功能決定了整體電路的優劣，可謂現今半導體界的重要技術指標。

　　本文在電晶體發明後70年之際，簡介它的演進，期使更多人能一窺這個左右現代人生活甚巨的半導體元件究竟是何物。

第一節　由真空管說起

　　說到半導體元件，還必須由真空管說起：1906年德福雷斯特（Lee de Forest）在二極管的陰極和陽極之間，安裝了第三個電極。發現電在陽極和陰極之間流動時，電流的強弱會受到第三極上所加的電壓干擾。這個元件稱為三極真空管（Triode），其第三極稱為閘極（grid 或 gate）。

　　三極真空管有兩個控制電子流動的功能，重要性無以倫比：

· 訊號放大（amplification）

　在閘極上加入正電壓，可以增強電子流動的速度與動力。

　將訊號放大是處理「類比式」訊號最重要的需求。

· 電流開關（switch）

　陽極和陰極之間電流正常流動時，在閘極加上負電壓可即時關閉電流。

　高速開關是處理「數位式」訊號最基本的需求。

德弗雷斯特把第三極由一條銅線，改為來回扭曲的柵狀，發現它對電流的影響更大（圖1-1）。

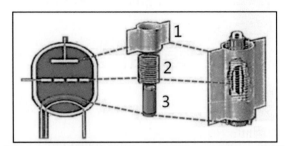

圖1-1　真空管的結構：1-正極　2-閘極　3-負極

三極真空管最先應用在長途電話上。1915年1月25日美國東西兩岸通話。AT&T的投資及技術開發，三極管快速成熟，在收音機、電視、雷達、航空航海及衛星導航定位系統、微波電器、和當時生活必需的計算機等科技產品上，都用到了三極真空管。

真空管的問題：

1930年代發展出加入三極真空管的電子計算機。1946年大型真空管電子計算機ENIAC問世，使用了18000支真空管，需銷耗180000 W的電功率，整部機器所佔用的樓板面積共達$167.3m^2$。但是它的計算能力和記憶容量，卻遠不及現行一般的個人電腦（圖1-2）。

ENIAC中約每28秒即有三極真空管損壞，燈絲的溫度變化時，電子的釋放速率會隨之改變，影響到電子儀器或設備的穩定性。軟體程式又須由外端接線和開關來控制，此外，ENIAC記憶體容量嚴重不足，耗電量大。

1951年，美國軍方透過馮・紐曼（J. von Neumann）的協助，打造了計算機「EDVAC」。將ENIAC改為由電子開關來執行二進位代數及邏輯。更將電腦內的程式設計儲於內部的記憶庫之中，成為適應力更強的資訊處理系統。

圖1-2　ENIAC圖http://www.infonet.co.jp/ueyama/ip/history/eniac.html

　　相較於十進位又須人工插接電路的ENIAC，可以說EDVAC是第一台現代意義的通用計算機，直至今的現代電腦皆仍採用「馮‧紐曼架構」。

　　馮‧紐曼認為他的研究成果是受到了英國數學家圖靈（Alan Turing）所啓發，他僅僅是發揚光大圖靈的原始概念（資料來源：泛科學2017/4/8）。

　　1936年美國諾基亞貝爾實驗室（Nokia Bell Labs）主任凱利（M.Kelly）想到必須發展一個新技術來取代眞空管，原因是眞空管體積大、耗能高、容易碎、價錢貴、良率低。

　　基於1938年德人蕭基（W. Schottky）發表〈金屬半導體界面整流〉的理論性論文；1941年第二次世界大戰中，英國在微波雷達上用矽做點觸整流器代替三極眞空管，性能更加靈敏。於是美國貝爾實驗室也開始展開矽、鍺等半導體的研究，並針對三極眞空管的優缺點，努力尋找一個類似的固體元件。

第二節　發現半導體p-n接面二極體

美國貝爾實驗室決定成立專案小組，將研究專題鎖定為：

「是否能在固態點觸整流器的兩個電極中間，也多加一個閘門（gate），代替真空三極管呢？」

1941年貝爾研究室的<u>歐爾</u>（Russel Ohl）發現半導體的p-n接面二極體（p-n junction diode）：

矽晶在緩慢冷卻的過程中，雜質有足夠的時間重新分佈，用肉眼可見p～n接面。這個接面有一個自生的電場，來平衡兩側電子和電洞的密度，這個電場就是電流障礙（空乏層，depletion layer）（圖2-1）。

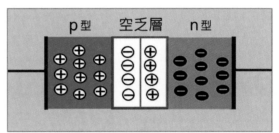

圖2-1　半導體p-n接面

將電池的正極接到二極體的p邊，負極接到n，這時p邊的電位較n邊高，稱二極體受到正向偏壓（forward bias），能夠形成通路（圖2-2）。

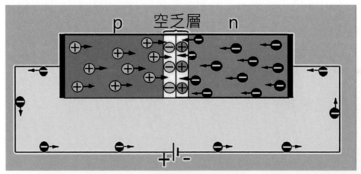

圖2-2　p-n接面二極體受正向偏壓時形成通路，具單向導通的特性。

　　這是因為電池的電壓使二極體的內部受到一個外加的電場，外加電場抵銷了一部分空乏層的內建電場，使空乏層內淨電場減小，因此p邊的電洞和n邊的自由電子容易穿過接面，縮小了空乏層的區域。電池的負極持續供應自由電子進入n邊，電池的正極則不斷地自p邊吸入自由電子，形成通路狀態。

　　如果將接線反接，即電池的正極接到二極體的n邊，負極接到p邊，這時p邊的電位較n邊低，稱二極體受到反偏壓（reverse bias）。

　　電池的電壓對二極體所施加的電場方向和空乏層的內建電場方向一致，使空乏層的淨電場增大，阻礙電洞和自由電子的擴散。

　　二極體n邊的自由電子和p邊的電洞分別受到電池正負極的吸引，很難再向對邊移動，使得空乏層的區域擴大，電路呈斷路狀態（圖2-3）。

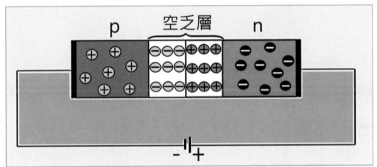

圖2-3　p-n接面二極體受到反向偏壓時形成斷路

第三節　點觸式電晶體

　　貝爾研究室專案研究小組的組長蕭克來（W. Shockly）想到：可以利用p-n接面設計設計一個三極體。

p-n半導體電路中加入了閘極：

　　1947年12月23日貝爾實驗室專案研究小組的組員<u>巴丁</u>（J. Bardeen）和<u>布拉頓</u>（W. Brattain）二人在兩個電極中間，用固態的半導體鍺Ge代替三極真空管，做出了歷史上第一個點觸式電晶體（Point contact transistor）（圖3-1），其結構說明如下：

　　以鍺晶為材料，用摻雜方法製作兩片半導體，一片為n型、其上方放一層很薄的p型，再在鍺晶片的背面鍍上一層金屬膜，做為三個電極中的一極。

　　然後設計了一個三稜體的塑膠塊，將一層薄薄的金膜鍍在三稜塊的兩個側面上，用刀片沿著頂端的稜線把金膜小心地切開，中間分界線只有50微米（百萬分之一公尺），最後將此三稜塊的頂端牢牢的用彈簧壓在鍺晶片上，讓兩邊的金膜各自點觸到鍺晶的表面，形成兩個狹長形的電極，然後小心的接上電線。

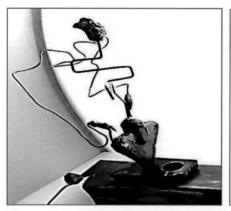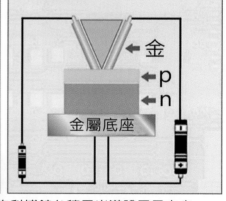

圖3-1　左：點觸式電晶體模型，攝自科博館台積電半導體展示中心。

　　　　右：點觸式電晶體結構示意圖

　　通電後，訊號會通過左側的金箔與p型半導體的接觸點，衝到右側另一個金箔與p型半導體的接觸點，此時看見螢光幕上出現了從右側輸出放大的訊號，世界上第一個固態訊號放大器就產生了，這就是「點觸式」的電晶體。

「點觸式」電晶體電路的分析：

　　這個「點觸式」的電晶體：二極半導體中n型厚、摻雜濃度大、多數載子為帶負電的自由電子。p型薄、摻雜濃度小、多數載子為帶正電的電洞。

・左半側電池小，為正向偏壓的通路：

　　電子由電池負極→n型半導體→p型半導體→電池正極；

・右半側電池大，卻為反向偏壓的斷路（圖3-2-1）。

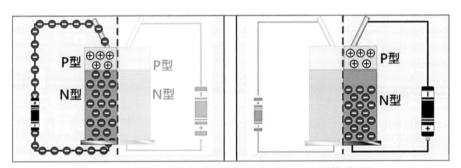

圖3-2-1　　點觸式電晶體左側為通路，右側為斷路。

　　通電後金箔的點觸使左側p型半導體中的電洞擴散到右側，電流傳遞（transfer）穿過了電阻（resistance）。

　　右半側也因此電洞的穿越而神奇地產生電晶體效應：斷路變成了通路，並且因右側外加電場比較強大，電流變化量也隨之放大（圖3-2-2）。

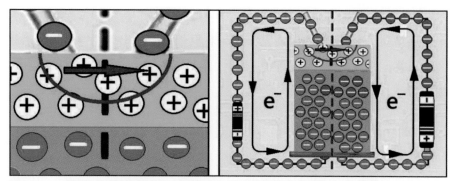

圖3-2-2　兩片金箔的點觸，使左側p型半導體之電洞向右擴散。
　　　　　電洞穿越電阻，開啓右側電路變為通路，且電流變化量放大。

也就是說電晶體是一個利用第三極控制電阻的半導體元件，具有開關、放大、穩壓、調變訊號等功能，還控制了電流的大小與方向。

電晶體（Transistor）名稱的由來：

電晶體之名Transistor，是由Transfer和Resistor兩個單字組成的，Transfer有轉移穿過之意，Resistor則為電阻，因此兩字合在一起就有穿過電阻之意。

所以the first transistor是成功的以半導體作為電路中的第三極，它的功能似真空三極管，但實用功能則更為傑出。

1948年6月30日貝爾實驗室召開記者會命名這個三極體是電晶體，發布會上示範樂用新電晶體組裝的收音機跟擴音機，大家都聽到了放大的音樂，並且看不到常見的真空三極管，只看到了封裝在小鐵罐中的點觸式電晶體。但此一創新的產品當時並未引起社會的重視，僅被刊登在紐約時報的第46頁。

第四節　雙極接面電晶體

繼續發展的故事：

　　第一個電晶體專利申請文件上的發明人，只有巴丁和布拉頓二人。貝爾公司公布電晶體發明的「官方」照片時，蕭克萊堅持參與。因為他認為「第一個電晶體」的設計，所依據的是自己提出的理論：

　　「要以半導體做電路中的三極體，以電流控制電路」（圖4-1-左）。

　　歐爾在1941年發現p-n接面之後，蕭克萊認為它是發展固態三極體的鑰匙，就在巴丁和布拉頓示範了點觸式電晶體之後的一個星期，蕭克萊把自己關在芝加哥一家酒店的房間中，從1947年底到1948年初日夜努力了十幾天，想出了一個全新的設計：分析點觸式電晶體的缺點，提出精進的「雙極接面電晶體」（Bipolar Junction Transistor, BJT）理論（圖4-1-右）。

圖4-1　左：公布電晶體發明的官方照片，蕭克萊（坐著）堅持參與。
　　　　右：蕭克萊提出「雙極接面電晶體」的精進理論。

　　蕭克萊回到貝爾實驗室報告他研發的這個三明治式的電晶體：頂層和底層都是n型半導體組成，兩層中間有一層很薄很薄的p型半導體，在中間注入微小的電流，就會有一個放大的電流會經過頂層n型半導體流入底層的n型半導體，設計非常簡單沒有點觸接點，避免了很多難以控制的技術問題，他叫它做接面電晶體。

　　雖然當時這都還只是在理論階段，並沒有實驗證實，他卻去申請了專利。後來證實這個接面電晶體的理論成為半導體物理的經典之作，而且指導了往後70年半導體元件和積體電路技術的發展。

分析「雙極接面電晶體」的精進思路：

　　我們仔細探索蕭克萊的「雙極接面電晶體」，圖示他精進的思緒過程，他如何將「點觸式電晶體」精進為「雙極接面電晶體」：

　　將本來的二極體結構左右兩部分開之後，90度轉向，讓它重新排列變成npn的接面電晶體，步驟如下（圖4-2）：

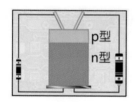

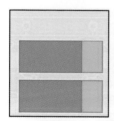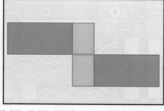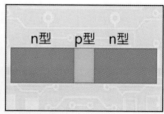

圖4-2　將點觸式電晶體改為雙極接面電晶體的思考步驟。

　　此npn設計也可做成pnp的BJT。pnp和npn的操作原理和功能皆相同，只是自由電子和電洞的角色互換而已。同樣是：transfer charge、amplify the output，應該更容易製作並且增加良率。

　　典型的接面電晶體由三層半導體材料所組成，連接到外部電路並承載電流，電晶體有三極：

· 基極（Base）：用於啓用電晶體；

· 發射極（Emitter）：電晶體的負極，射出電子；

· 集電極（Collector）：電晶體的正極，收集電子。

　　在基極和發射極之間流動的電流非常小，卻可以開啓並控制集電極和發射極之間較大的電流。

雙極接面電晶體的操作原理（圖4-3）：

　　以常用的npn型爲例來說明：電路中在發射極和基極之間施加正向偏壓，基極和集電極之間施加反偏壓，則E-B接面的空乏層縮小，而C-B接面的空乏層擴大。

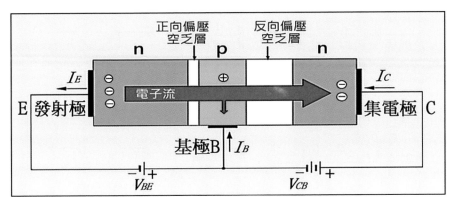

圖4-3　npn雙極接面電晶體操作原理示意圖（電流和電子流方向相反）

　　在高摻雜濃度的發射極區內，n型半導體自由電子很容易擴散穿過E-B接面，因此形成發射極電子流或是電流I_E。

　　因基極區的厚度非常薄，由發射極區進入基極區的自由電子，絕大多數（99%）得以繼續向前，進入C-B接面的空乏層。受到該層內建電場的

吸引被掃入集電極區形成電流I_C。只有很少數的自由電子（1%）在基極區內與電洞復合，被復合的電洞則由外接電路經基極流入補充，形成電流I_B。

　　電子流的產生：因中央的p層Base很薄，發射極E自V_{BE}的負極大量吸入的電子射入n層，再加上n層的自由電子衝入p層之後，容易順勢繼續向前衝入另一側的n層，更多的電子再被集電極C吸向V_{CB}的正極。

　　集電極電流I_C和基極電流I_B的比值稱為電流增益β，該值通常約在80～200之間。$\Delta I_C = \beta \Delta I_B$。若$\beta = 100$，則基極電流的變化量將放大100倍。

雙極接面電晶體的結構和電路符號（圖4-4）：

　　在電路符號中，採用傳統電流的規定，其中箭頭畫出電流的方向，正好和電子流的方向相反。

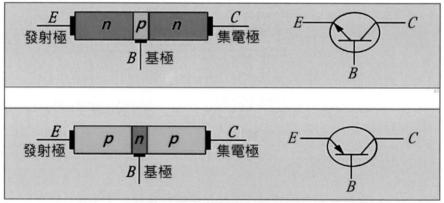

圖4-4　兩種雙極接面電晶體的結構和電路符號

在電路中分析雙極接面電晶體的功能：

1. 基極似一個閘門，可以當作開關。

　　在電源和集電極C之間加一燈泡，由開關經電阻連接基極B，電源提供

足夠的順向導通電壓，電子由電源負極→發射極E（n）→基極B（p）→電源正極，此通路的形成即可促使電源提供足夠的順向導通電壓，使電子由發射極E→集電極C，經燈泡回到電源正極，燈泡發光（圖4-5）。

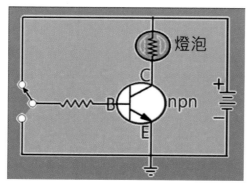

圖4-5　電晶體的基極B似一個閘門，可以當作開關，打通E-C接面。

〔電子由電源負極→發射極E（n）→基極B（p）→電源正極〕
此通路形成，即可打通原本的斷路：
〔電子由電源負極→發射極E（n）→集電極C（n）經燈泡→電源正極〕

2. 基極似一個閘門，它以少量電流促成集電極輸出放大的訊號。

　　如果在連結E-B接面的迴路上，將一個小的輸入訊號（交流電壓）串接與連接基極B的導線，則此小訊號電壓將會改變電流I_B的大小，雖然電流I_B的改變量很小，但是它所引起的電流I_C的改變量等於β倍。此電流變化量流經連結於集電極C的電阻R_C，則在該電阻的兩端得到一個放大的輸出電壓，所以電晶體具有放大信號的功能（圖4-6）。

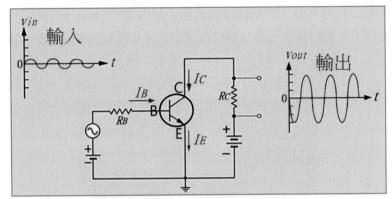

圖4-6　電晶體的基極似一個閘門，可以放大訊號。

第一個用拉單晶技術製造的接面電晶體：

　　1950年冬天貝爾實驗室的提爾（G. Teal）先生依照蕭克萊的理論，示範了第一個用拉單晶技術製造的接面電晶體，到了1951年春天，接面電晶體的性能和良率在各方面都已經遠遠超過了點觸式電晶體。

　　1951年6月貝爾實驗室在紐約舉行記者招待會，鄭重推出新的接面電晶體，宣布了短期內量產的計劃，並且開始接受訂單。這個會議距離第一次宣布發明點觸式電晶體已經整整3年，從此接面電晶體完全取代了點觸式電晶體。

　　1954年提爾以更優於鍺的矽為原料製作世上第一枚矽的電晶體。矽電晶體可在高溫中運作，同時矽由沙中提鍊，成本低、性能穩。

因電晶體的發明獲頒諾貝爾物理獎：

　　1956年因電晶體的發明，巴丁、布拉頓和蕭克萊他們三位在半導體研究的開創性貢獻獲頒諾貝爾物理獎（圖4-7）。

圖4-7 http://www.nobelprize.org/nobel_prizes/physics/laureates/1956

因發明電晶體獲得諾貝爾物理獎的：

蕭克萊（左）、巴丁（中）和布拉頓（右）

　　當各種電晶體和積體電路次第興起時，大量的真空管迅即退位。常見的電晶體的體積不但比真空管小得多，而且耗電量很低，反應迅速，因此在發明後短短數年之內，就取代了真空管，把電子工業的技術帶入了另一個新的紀元（圖4-8）。

　　事實上以目前的製造技術，也可以將真空管極度微型化，新的材料甚至更不易破碎，但無奈它的工作電壓硬是比電晶體高了10倍以上，這才是真空管在精密電子工業中退敗的真正原因。

圖4-8　常見的電晶體外觀和真空管大小的比較

　　常見的電晶體外觀如圖所示，npn和pnp的外形相同，只能從其型號

或經測試才能識別（圖4-9，圖片取自南一書局高中選修物理）。

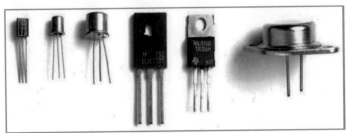

圖4-9　各式常見的電晶體外觀

再檢視一次「三極真空管和三極電晶體」：

　　蕭克萊（Shockley）研發的電晶體是一個類似真空三極管的固體元件，而真空三極管的發明人是德弗雷斯特（Lee de Forest）（圖4-10）。

　　這是科技發展不斷「承先」「啓後」的最佳實例。先有二極真空管的發明，讓德弗雷斯特將其精進爲真空三極管，後有蕭克萊在其研究基礎上，不斷努力研發、改良，終於貢獻出改變人類科技生活的重要元件「電晶體」。這兩種電子元件的共同點是：它們的閘極可當開關，還能放大輸出訊號。

圖4-10　蕭克萊（左）和德弗雷斯特（右）

圖http://crinklydoodle.com/bstj/about.php

第五節　金氧半場效電晶體

電晶體的再精進——利用電壓來控制電流：

　　1958年貝爾實驗室阿泰拉（M. M. Atalla）仔細研究了矽和二氧化矽結面的性質，發現可以用附在二氧化矽（絕緣層）表面電閘的電壓，來控制閘下面矽的導電性，性能會更優越，用這個原理阿泰拉在1960年製成了第一個金氧半場效電晶體（Metal oxide semiconductor field effect transistor），簡稱MOS或者 MOSFET。

　　場效電晶體是由在電閘下面矽跟二氧化矽接面能槽（channel）之中的自由電子和電洞來導電，非常靈敏、製作簡單，營運時能量耗損低，適合製造大型的晶片。

NMOS的結構與作用機制：

　　這種電晶體可分為n通道和p通道兩型。其中最常用者為n通道加強模式金氧半場效電晶體（n-channel enhancement mode MOSFET, NMOS），其結構和電路符號如圖所示：共有四個電極：源極S（source）、閘極G（gate）、汲極D（drain）和基底B，其中基底B通常以導線連通源極S，所以該型元件常見者只有三個接腳。

　　各半導體和絕緣體的上方蒸鍍一薄層的鋁金屬電極。若不接外加電源時，源極和汲極的兩個n型半導體區域之間，為p型半導體的基底所隔開，因此沒有通道存在。

　　NMOS的電路符號中間的斷線，代表中斷的通道，箭頭的方向向內，表示所指為n通道：代表閘極的短線和通道分隔（圖5-1）。

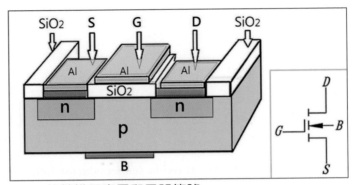

圖5-1　NMOS的結構示意圖和電路符號

　　　　S源極、G閘極、D汲極、B基底、SiO₂二氧化矽、Al鋁

　　p通道加強模式金氧半場效電晶體（p-channel enhancement mode MOSFET, PMOS），其結構和NMOS相同，只是n和p半導體的角色互換，其結構和電路符號如圖5-2所示。注意在電路符號中的箭頭方向向外，表示為p通道。

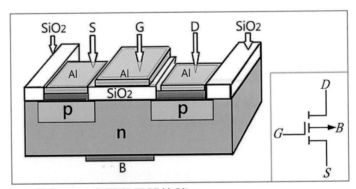

圖5-2　PMOS的結構示意圖和電路符號

　　　　S源極、G閘極、D汲極、B基底、SiO₂二氧化矽、Al鋁

NMOS的操作原理（圖5-3）：

　　在閘極G和源極S之間加入電壓V_{GS}，閘極和基底之間夾著SiO₂絕緣

層。由於閘極板G帶正電,使源極S區的自由電子(為多數載子)以及p型基底的自由電子(為少數載子)被吸引積聚在SiO_2絕緣層的下方,和左右兩邊源極和汲極的n型區相連,形成通道。

如果在汲極D和源極S之間加上電壓V_{DS},則通道中的自由電子受到外加電場的驅動,從汲極流向源極,形成汲極電流I_D(和通道中的電子流方向相反)。因為SiO_2為極好的絕緣體,故閘極電流$I_G = 0$(圖中白色的區域代表p-n接面因受到反偏壓而形成的空乏區)。

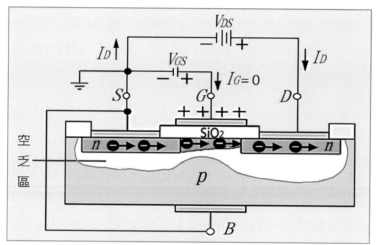

圖5-3　NMOS的操作原理示意圖

S源極、G閘極、D汲極、B基底、SiO_2二氧化矽

MOSFET的名稱釋意:

通電後電子由源極(S)流入,經過閘極(G)下方的電子通道,再由汲極(D)流出。中間的閘極可以控制是否讓電子由下方通過,因此簡稱為「閘」;源極是電子流入的來源,因此簡稱為「源」;電子由汲極流出,說文解字:「汲者,引水于井也」,也就是由這極取出電子,因此簡稱為「汲」。

比較雙極接面電晶體和金氧半場效電晶體：

· 雙極接面電晶體（BJT）有發射極（Emitter）、基極（Base）和集電極
　（Collector）。發射極到基極的微小電流，會使得發射極到集電極之間
　的阻抗改變，從而改變流經的電流。是利用電流來控制電流。

· 金氧半場效電晶體（MOSFET）有源極（Source）、閘極（Gate）和汲
　極（Drain）。在閘極與源極之間施加電壓能夠改變源極與汲極之間的
　阻抗，從而控制源極和汲極之間的電流。是利用電壓來控制電流。

　　MOSFET和BJT一樣，也具有放大訊號和開關的功能。但因MOSFET
製造程序少、省電、體積小，1970年代以後，是製作積體電路的主流。

第六節　晶圓

積體電路IC（Integrated Circuit）的發明：

　　在1957年，Robert Noyce、Gordon Moore等人成立快捷半導體公司
（Fairchild）。在1958年由德州儀器的Jack Kilby發明積體電路（Kilby於
2000年獲諾貝爾獎）。在1959年Bell Lab.的M. M. (John) Atalla和Dawon
Kahng成功展示第一顆金氧半場效電晶體。這種電晶體採用矽基板，經由
SiO_2層做為閘極與通道間的絕緣層，可使另兩端源極與汲極間電流受閘極
電壓控制。因為氧化層是SiO_2容易在矽基板上生長，提供未來積體電路相
當大的整合契機。

　　1963年快捷半導體公司把n型和p型的MOS技術結合在同一個晶片之
中，製作出邏輯晶片耗能量減低，即「互補金氧半導體」（Complemen-
tary metal oxide semiconductor），簡稱CMOS電晶體，從此平板製造的
CMOS電晶體成為晶片工業的主流技術（圖6-1）。從1960年代中期，晶
片技術的進步重點，就在不停地縮小電晶體的面積。

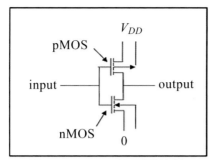

圖6-1　CMOS的電路符號

積體電路與晶圓（Wafer）：

半導體產業鏈，也就是IC產業鏈，包括「IC設計」、「IC製造」、「IC 封裝」。

積體電路IC是將電路所需的電子零件連同金屬接線，全部整合製作在一個很小的矽晶片（chip）內，是一個完整的電路。利用微電子技術，可以將上百萬個到數十億個電晶體，容納在一小片面積不及1cm×1cm的小晶片內。

積體電路的製作是在一塊大面積的晶圓上，同時製成許多性能和結構完全相同的小晶片，因此 IC 可以進行大量生產而使成本大為降低。

矽晶柱的製作：

製作晶片也要安置所有電子元件的基板就是「晶圓」。首先，晶圓製造廠會將矽純化、溶解成液態，再從中拉出柱狀的矽晶柱（圖6-2）。

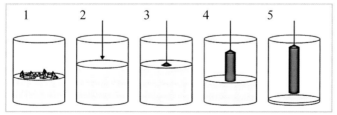

圖6-2　矽晶柱的製作（圖片取自維基百科全書公有領域）

圖6-2矽晶柱製作步驟的說明：

1. 融化高純度的塊狀晶矽

2. 將單晶的矽種（seed）插入熔融液中

3. 慢慢旋轉拉起晶種

4. 拉出晶柱

5. 待離開液面的矽原子凝固後，形成高純度的單晶矽柱。

　　製作IC的基礎材料為Si。海沙的砂粒是亮晶晶的SiO_2，由砂粒去氧之後，得到Si的複晶體，放在鉗鍋中加熱，為熔融液，溫度約1414℃以上，置入單晶的Si晶種與熔融液接觸，慢慢拉起並慢慢轉動，上升時溫度漸降，高純度的矽晶棒在固體晶種與熔融液之界面成長，過程約需好幾天。

　　矽晶棒，長度約為1m，直徑從15cm至30cm。將晶棒用鑽石刀切割出厚度約為0.7mm的薄片，再將其表面研磨拋光就成為「晶圓」，也就是晶片（Chip）的基板。一片晶圓可以同時製作出上百個小晶片，在每個小晶片中置入性能和結構完全相同的積體電路，其中的電晶體可達數千萬或上億個之多。

IC MOS製程的步驟：

1. 晶圓經機械研磨、化學侵蝕及細粉拋光後，置於 1000至1200℃的高溫爐中氧化，在晶圓表面上生長出一層氧化物（SiO_2）。然後在其上均勻地塗佈一層感光乳劑。

2. 將刻劃有電路圖樣的光罩（mask類似底片但為玻璃或金屬材質）置於晶圓的上方，以深紫外線作為光源，透過光罩將電路圖樣縮小印在晶圓上。

3. 曝光的感光乳劑形成硬模，用以保護在其下方的氧化物。使用酸或熱氣體以除去未曝光的感光乳劑和其下方的氧化物，作為摻雜區域。在完成酸蝕過程後，再使用溶劑將感光乳劑保護層剝除，以露出其蓋護下的氧化層。晶圓表面所蝕刻出的導電和絕緣區域的圖樣，就是光罩所刻電路圖樣的縮小翻版。

4. 利用上述光罩和酸蝕的方法，再行蒸鍍加上一層不同物質的薄膜圖樣，這層薄膜材質可以是矽或金屬等。

5. 在預留的摻雜區域摻入雜質原子，使成為 n 型或 p 型半導體。

6. 重複以上步驟，需要疊加層數，構成三維的電路結構。當前所製出的最複雜的積體電路甚至加到二十多層。

7. 在特留的空隙處，蒸鍍金屬（常用鋁或多晶矽膜）作為電極或連接導線之用。

8. 一片晶圓可以同時製作出上百個完全相同的晶片。將晶圓上的小晶片一一切割分離，成為所謂的裸晶（Die）或晶粒（grain），並焊接金屬導線（使線徑為0.025 mm～28 μm的鋁線或金線）。

在IC製作中使用的晶圓面積愈大，則一次製作所能產出的晶片數目就愈多，每片晶片分擔的成本就愈低。現時已進行商業化生產的最大晶圓直徑為12吋。

IC MOS製程步驟的圖示：

各家廠商IC MOS製程的步驟略有不同，例如（圖6-3）：

圖6-3-1　1. 矽晶圓在磊晶製程中變為單晶矽，並摻入硼

　　　　　2. 表面鋪放SiO$_2$層

　　　　　3. 透過光罩曝光製圖

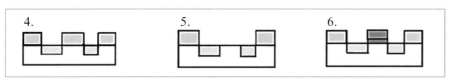

圖6-3-2　4. 摻雜砷原子以備製成D、S極

　　　　　5. 去除中央SiO$_2$

　　　　　6. 再鋪入更純的SiO$_2$（紫色），上方以多晶體矽製G極

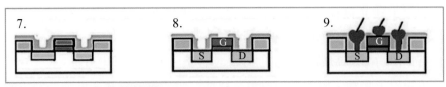

圖6-3-3　7. 上方加絕緣層

　　　　8. 以照相法分割S、G、D上方之絕緣層

　　　　9. 在S、G、D極上方加金屬觸點及連線，此時加入熱處理，穩
　　　　　定金屬與半導體之間的接合

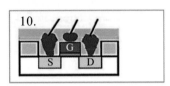

圖6-3-4　10. 最上方再加鋪SiO$_2$，以保護下方所有的元件

　　由於在晶片上所蝕刻的線條尺寸非常微小，所以製作IC的工作場所
必須極為潔淨，空氣中灰塵微粒的大小必須篩濾至蝕刻的線條尺寸以下。
廠房中的工作人員必須全身穿著防護衣，以免玷汙晶片。

半導體的製程──封裝

　　製作完成的IC必須封裝在塑膠殼內，作為保護之用（圖6-4）。

　　8吋、12吋晶圓廠，代表的就是矽晶柱切成薄片後的晶圓直徑，而
整塊晶圓可以再被切成一片片的裸晶（Die）；裸晶本身脆弱易損壞，經
過封裝才可用在各種電子設備之中，被稱為晶片（Chip）、或稱IC（圖
6-5）。

圖6-4　各種IC之封裝型式

晶圓吋數的比較：

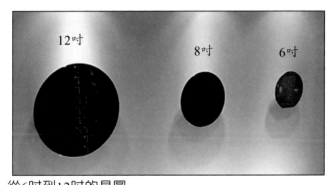

圖6-5-1　從6吋到12吋的晶圓

（攝自自然科學博物館台積電半導體展示中心）

圖6-5-2　作者手持台積電製作的晶圓

．摩爾定律（Moore's law）：積體電路上可容納的電晶體數目，約每隔兩年便會增加一倍；依此估計每18個月會將晶片的效能提高一倍。

通常相同大小的晶粒，理論上在12吋晶片上產出量是8吋晶片上的2.25倍，但如果晶粒的顆粒表面積略大的時候，就會使8吋晶片邊緣產生較多的不完整顆粒，因此使用12吋晶片來容納相同大小的晶粒，實際上就可得到大於2.25倍的晶粒數目（圖6-6）。

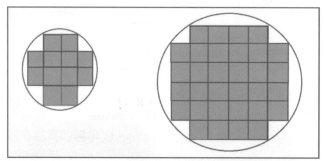

圖6-6　8吋／12吋晶圓上可產出晶粒數之比較

線寬與晶粒數的比較：

IC電路設計與光罩製造都完成後，就正式進入晶圓製造程序，通常是以微影成像技術，在晶片上面所能製造出來的最小線寬，其挑戰在於製造機器之極限以及製程整合的能力。

製程技術越先進，能製造的最小線寬也就最細，於相同單位面積下能製造出更多的晶粒數，平均下來每個晶粒的製造成本就更低，價格也就更具市場競爭力（圖6-7）。

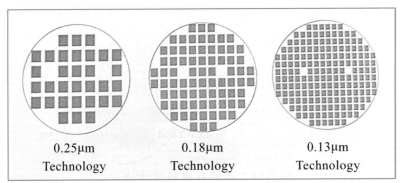

0.25μm
Technology

0.18μm
Technology

0.13μm
Technology

圖6-7　相同產品使用新舊製程技術，線寬與晶粒數的比較。

　　CMOS問世的最大意義是從此確立了晶圓發展的唯一方向，就在不斷的世代更新中，朝向微型化發展（目前奈米化技術已經日趨成熟）。

　　在關鍵電晶體元件的演進上，在2004年至2006年期間，技術節點由90 nm演進至65 nm，出現矽鍺源／汲極應力矽基技術，經由材料力學把晶體施加伸張或壓縮力，可使載子在不同方向的速度改變，達到較理想的元件特性。

　　在2008年至2010年期間，技術節點由45 nm演進至32 nm，出現閘極後製高介電質金屬閘極技術，這材料可因高介電使得在較厚的材料體上仍有足夠的電容，在很小的電壓工作範圍內仍可有效地驅動電晶體動作，而較厚材料的漏電流較小，符合現今縮小元件所需。

　　在2012年經2014年至2017年期間，技術節點由22 nm經16/14 nm至10 nm，出現三閘、鰭式場效電晶體技術，這技術可使電晶體的通道被閘極電壓控制的效率提高，在小電壓工作下就可使電晶體靈敏運作，也就是說開發高靈敏度感測的電晶體元件是現今極為重要的課題。

　　台積電先進封裝技術的研發，大大地提升國際晶圓競爭的積效。於2018年至2020年期間，技術節點可由7 nm再演進至3 nm，結構可能出現閘極全包覆奈米線金氧半場效電晶體。

　　綜上所述，電晶體的設計從原本的平面結構轉為立體結構，又從鰭狀

結構轉為多線／多片結構。這都是為了讓電晶體尺寸在縮小的同時，又能夠維持效能，並在固定面積上，增加通道數目，使電流變大。

註一：由作者設計、上傳的電晶體內容

※電晶體的影片：請看YouTube——2014簡易半導體教學：

半導體：電晶體（一）檢測

半導體：電晶體（二）構造與功能

半導體：電晶體（三）動畫說明

註二：

※二極體、電晶體之結構與作用機制的參考資料：

　南一書局高中選修物理

第七節　「先進封裝」CoWoS的技術與AI

　　什麼是CoWoS？最近媒體常報導CoWoS 這個奇怪的名字，並且和人工智慧（AI）一起出現，它到底是什麼？

　　它是Chip-on-Wafer-on-Substrate的縮寫，也就是晶片疊在晶圓上，晶圓疊在基板上，是台積電獨自開發出的先進封裝技術，並以此獨特的結構命名。它的用途是在極高速運算處理器上，例如人工智慧、繪圖、甚至部分中央處理器，功能是大幅提升計算力，並節省功耗。由於人工智慧硬體設備建置的大量需求，CoWoS是無可取代的技術，因而一夜之間爆紅。

　　它的由來，應回溯到2009年，台積電研發人員意識到晶片技術沿著摩爾定律快速進步，在晶片上的運算速度不斷加快，功耗降低，但封裝、基板和電路板的技術沒有跟上，因此從整個系統來看，信號在晶片和晶片之間的傳遞，逐漸成為系統運作的瓶頸。首當其衝的就是高速運算，例如在繪圖模組中，其邏輯運算和數據存儲是分布在不同晶片上，運算過程

中，需要不斷的在邏輯晶片和存儲晶片之間交換數據，因此所受影響最爲嚴重。

在這情況下，台積電研發人員想出了解法，用比較先進的半導體技術，去取代傳統的封裝和基板。以高密度的金屬連線，把晶片之間的距離縮短，使得信號傳輸加快，功耗降低，稱之爲先進封裝技術。

這專爲高速運算打造的CoWoS，就成爲台積電的第一代先進封裝技術，在初期它的需求量並不那麼大，因此沒有建構太大的產能，在人工智慧硬體設備建構需求突然爆增的情況下，唯一封裝技術的解決方案CoWoS就出現供不應求的情況，成爲產業鍊供貨的瓶頸，也是媒體關注的焦點。

因爲CoWoS製造成本高，故主要應用於高速度高性能的產品，一般消費性產品單價是幾塊美金，而AI賣到數萬元美金。同時，這獨有的技術，使台積電得到這個市場百分之百的市占率，以及亮麗的營收表現。

在先進封裝上，台積電接著又推出第二代的InFO，用在隨身攜帶的產品上，爲公司鞏固了手機市場的地位，正在開發中的第三代SoIC可說是CoWoS的增強版。隨著先進封裝的產生，帶出了小晶片（Chiplet）和異質整合（Heterogeneous Integration）的概念，爲半導體「後摩爾時代」打開一條可行的道路。

補充說明：

InFO（Integrated Fan-Out）

是一種由台積電（TSMC）開發的先進封裝技術，主要用於實現更小體積、更高性能及低功耗的半導體晶片封裝。InFO技術屬於扇出型封裝（Fan-Out Packaging）的一種，可以讓晶片不需基板而直接進行封裝，有助於減少封裝厚度及提升散熱效率。

InFO技術的特點包括：

1. 扇出結構：傳統的封裝方式中，晶片的輸出管腳（I/O）會受到限制，而InFO技術可以擴展I/O至晶片外圍，因此稱為「扇出型」，可以增加I/O的數量並減少訊號傳輸的延遲。

2. **無基板封裝**：InFO技術省去了封裝基板，透過將晶片直接嵌入到模組中，減少封裝厚度、重量以及材料成本，並且更適合移動設備和可穿戴設備的需求。

3. **優異的散熱性能**：InFO的結構設計可以加強散熱，使得高效能的晶片運行更穩定，特別適合應用在高效能運算（HPC）、人工智慧（AI）等需要高頻運行的晶片上。

4. **高密度互連**：InFO能提供更高的互連密度，使得晶片之間的訊號傳輸更快速，這對於性能需求較高的應用非常有利。

　　InFO技術已應用於許多高端手機的處理器封裝中，例如蘋果（Apple）的A系列處理器。InFO不僅能讓產品更輕薄，同時也能提升整體效能和能效，是目前先進封裝領域中重要的技術之一。

SoIC（System on Integrated Chip）

　　是台積電（TSMC）提出的一種先進封裝技術，旨在將不同功能的晶片整合到單一封裝內，實現多晶片的垂直或水平堆疊。這項技術使得不同製程節點的晶片可以在同一個封裝中進行緊密整合，達到高性能和低功耗的效果。

　　SoIC封裝具有以下特點：

1. 異質整合：能夠將不同製程的晶片（如邏輯晶片和記憶體晶片）整合在一起，提升系統性能並縮小體積。

2. 三維（3D）堆疊：SoIC支援3D封裝，允許晶片垂直堆疊並透過微縮化的通孔（TSV，Through-Silicon Via）互連，降低訊號延遲。

3. 高度互連密度：SoIC提供更高的互連密度和更短的訊號路徑，這對於高頻訊號傳輸和低功耗設計非常有利。

　　SoIC技術應用範圍廣泛，特別適合高效能運算（HPC）、人工智慧
（AI）、5G等領域的晶片需求。通過SoIC，設計者可以利用異質整合來
實現更高效的功能集成，提高整體系統的運行效率。

台積電因市場需求擴充CoWoS產能

　　以新竹竹科爲研發據點，生產中的先進封裝測試廠有：台南南科、桃
園龍潭、苗栗竹南等，嘉義嘉科、台中中科亦在趕工擴建中，預計2025
年參加量產。

第七章

電晶體實驗

電晶體是積體電路（Integrated circuit, IC）中最重要的元件之一，它的功能決定了整體電路的優劣，可謂現今半導體界的重要技術指標。前一章簡介了它的演進歷程，這一章我們繼續探索這個半導體元件究竟是怎樣的寶貝。

到電子材料店去買電晶體來做實驗，以體驗電晶體如何利用電流來控制「當作開關和放大訊號」的功能。

第一節　動手實作分析電晶體的電路

實測電晶體的 n、p 位置

常見的雙極接面電晶體（BJT）外觀如圖所示。一再比較之後，挑選其中的鐵殼電晶體，因為它的體積較大、引腳也粗，方便夾線和觀察（圖1-1）。

圖1-1　左：各式常見的電晶體外觀　右：鐵殼電晶體

　　npn和pnp電晶體的外型相同，可以查詢型號加以辨識，但是各引腳的極性必須經過測試才能識別。

　　每個電晶體都有三隻引腳，將它的三個電極延伸出來，而鐵殼電晶體則只有兩隻引腳，第三極直接在金屬底盤上。

　　我們之前實作過二極體引腳極性的測試方法，電晶體是三極半導體，可否仿照之前的方式來測定三極半導體呢？

電晶體n、p半導體位置之測試步驟一：

· 先測鐵殼電晶體的兩隻引腳，如圖所示，實測結果LED燈珠亮了，鑑定這兩隻腳分別是n型和p型者。

· 其中箭頭內的編碼是電子在電路中的流動順序（圖1-2）

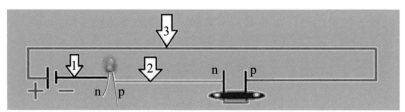

圖1-2　LED燈珠亮了，電晶體的兩隻腳分別是n型和p型者。

· 在此電路中，其實只連通了三極體之中的兩極！

· 電子由電池的負極到LED的n、p，再到三極電晶體的n、p，回到電池的正極。即符合「電子流電路的口訣」：

　　〔電源負極→LED（n→p）→電晶體（n→p）→電源正極〕

電晶體n、p位置之測試步驟二：

· 同法再測電晶體之一腳與金屬底盤，如圖所示，實測結果LED燈珠不亮，鑑定這個電晶體的金屬底盤不是p型者（圖1-3）。

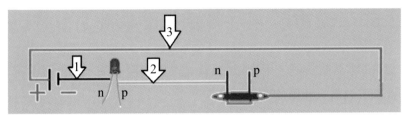

圖1-3 LED燈珠不亮，電晶體的金屬底盤不是p型者。

· 電子由電池的負極到LED的短腳n→長腳p，再到三極電晶體的一腳n→三極電晶體的金屬底盤，電子無法回到電池的正極。

  即不符合「電子流的電路口訣」：

  〔電源負極→LED（n→p）→電晶體（n→p）→電源正極〕

電晶體n、p位置之測試步驟三：

· 同法再測電晶體另外一腳與金屬底盤，如圖所示，實測結果LED燈珠亮了，鑑定此例之電晶體為npn型者。

· 其中箭頭內的編碼是電子在電路中的流動順序（圖1-4）

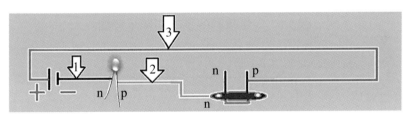

圖1-4 LED燈珠亮了，證實此例之電晶體為npn型者：

  兩隻引腳分別是n和p型者，而金屬底盤是n型者。

· 電子由電池的負極到LED的n、p，再到三極電晶體的n、p，回到電池的正極。即符合「電子流電路的口訣」：

  〔電源負極→LED（n→p）→電晶體（n→p）→電源正極〕

· 可用相同的方法去鑑定pnp電晶體。

第二節　從實驗探究電晶體的功能

　　以npn電晶體爲例，用實際的npn電晶體怎麼實驗，才能說明它可以當作開關又有放大訊號的功能呢？

設計：藉由LED以實驗說明電晶體的功能

　　回頭檢視一下，在前一章中哪一段內容最能說明：雙極接面電晶體的功能？找到以下的電路圖（圖2-1）。

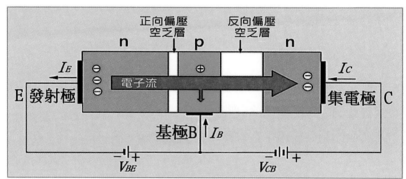

圖2-1-1　電晶體的基本功能示意圖

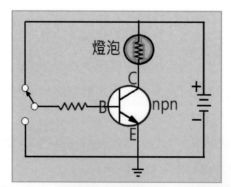

圖2-1-2　電晶體「開關功能」的電路圖

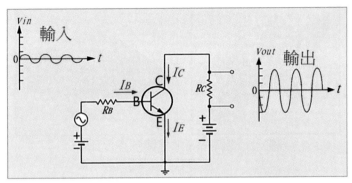

圖2-1-3 電晶體「放大輸出量」的電路圖

實驗材料與電路接法

再仔細探索,這樣的電路圖表示它用到哪些元件?線路如何連接?

· 需要的元件:

　雙極接面電晶體(俗稱三極體)

　兩組電池附電池座、電源和連接導線

　燈泡:顯示是否通電,用LED燈珠才能控制單向導通。

· 線路接法(由電子流路徑來思考):

　其一為正向偏壓的通路:電源負極→n→p……→電源正極;

　其二為反向偏壓的斷路:電源負極→p→n……→電源正極

　輸入訊號(正向偏壓)<輸出訊號(反向偏壓)

演示:藉由LED以實驗說明電晶體的功能

· 雙極接面電晶體,可選用鐵殼npn電晶體(圖2-2)

· 燈泡則選用LED燈珠,它便宜容易購買,在電路中又只能單向導通。

· 輸入訊號(電池:選3V者)<輸出訊號(電池:選3V×2者)

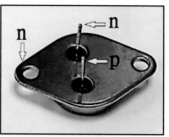

圖2-2　鐵殼npn電晶體的正反兩面

1.在npn電晶體上，連接成第一串電路

· 使用兩顆1.5V乾電池和一顆LED燈珠，用電晶體底盤上的n型半導體和一隻引腳上的p型半導體，接亮LED燈。

· 組成一個正向偏壓的外加電場，形成通路（圖2-3）。

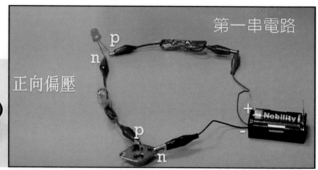

圖2-3　第一串正向偏壓電路的電子流路徑：

電源負極→電晶體（n→p）→LED（n→p）→電源正極

2.在原來的電晶體上連接出第二串電路

· 取下第一串電路備用，在原來的電晶體上連接出第二串電路（圖2-4），使用四顆1.5V乾電池和一顆LED燈珠，用電晶體底盤上的兩隻引腳（n型和p型半導體）接亮LED燈，先組成一個正向偏壓的外加電場通路。

‧再將此第二串電路在電晶體引腳上的兩條導線夾交換位置，使第二串電路由正向偏壓變爲反向偏壓的電路，LED燈也就不能發光。

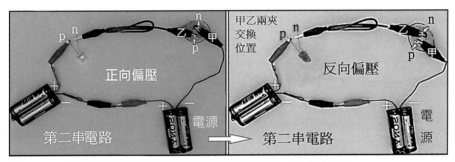

圖2-4-1　第二串反向偏壓電路的電子流路徑，是條斷路：

電源負極→電晶體（p→n）→LED（n→p）→電池正極→電池負極→電源正極

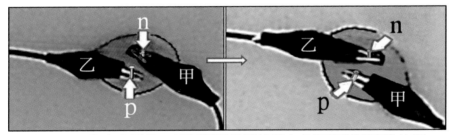

圖2-4-2　放大之圖示：如何將電晶體接腳上的兩條導線交換位置

3.最後將一、二兩串電路都接在同一個電晶體上
步驟3之1（圖2-5-1）：

‧第一串正向偏壓的電路，接在電晶體上（頭爲黑色夾、尾爲綠色夾）。
第二串反向偏壓的電路，接在電晶體上（頭尾兩個都是黑色夾）。

‧此時我們的探究已經有了初步的的結果，只是電路顯得有點零亂，因為在電晶體的引腳p（基極）處，有上、下兩個不同電路的導線夾。

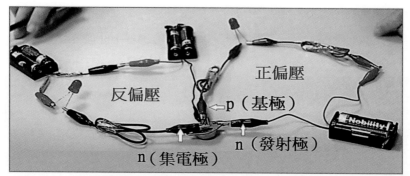

圖2-5-1　正、反偏壓兩串電路，一起接在同一個電晶體上的初步結果。

步驟3之2（圖2-5-2）：

· 爲了便於看清楚電晶體三極之間的相關位置，將電晶體p引腳上的黑色
夾子（第二串反向偏壓電路之尾端）取下移位……如此才能將電晶體上
的三極，各自連出一條導線，即（圖2-5-2-1、2-5-2-2）：

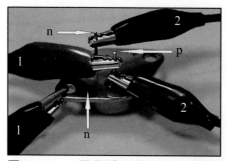
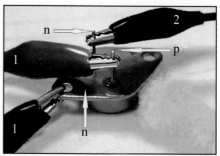

圖2-5-2-1　電晶體三極之上的電路接頭（一、二兩串分別以數字標記）

　　　　　左：原先將一、二兩串電路都接在同一個電晶體上。

　　　　　右：接著將p引腳上的黑色夾（第二串反向偏壓電路之尾
　　　　　　　端）取下移位

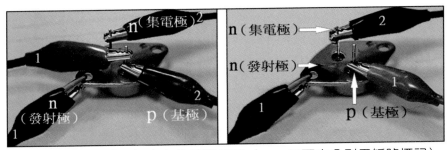

圖2-5-2-2　電晶體三極之上的電路接頭（一、二兩串分別用編號標記）
　　　　　左：初步的接法── 兩串電路都接在同一個電晶體上。
　　　　　右：整理電路後── 電晶體上兩串電路改善的接法。

發射極E（n）：接第一串正向偏壓電路頭（黑夾接電晶體的底盤）。
基　極B（p）：接第一串正向偏壓電路尾（綠夾接電晶體的引腳之一）。
集電極C（n）：接第二串反向偏壓電路頭（黑夾接電晶體的引腳之二）。

步驟3之3（圖2-5-3）：
‧再將電晶體p引腳上取下的黑色夾子（第二串反向偏壓電路之尾端），
　去和第一串正向偏壓電路的中段連接，其接法如圖所示。

圖2-5-3　將電晶體p引腳上取下的黑色夾子（第二串反向偏壓電路尾
　　　　　端），和正向偏壓電路的中段連接。

結果：

· 電路連好之後通電，只見兩串電路的LED燈珠都亮了，並且反向偏壓上
的LED燈珠似乎還比正向偏壓的燈珠更亮（圖2-5-4-1）。

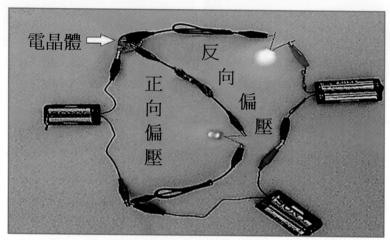

圖2-5-4-1　用LED燈光的實驗說明電晶體的功能：
　　　　　正向偏壓通路形成，即可打通原本的斷路，並且放大電流訊號。

由實驗結果分析：電晶體基極的閘門功能

　　由以上LED亮燈實況，證明電晶體正向偏壓的電流，可打通反向偏壓
的電流。再由電子流路徑說明之（圖2-5-4-2）。

〔電源負極→發射極E（n）→基極B（p）→LED$_1$（n、p）→電源正
極〕。

此通路形成之後，可打通另一反向偏壓的電路：

〔電源負極→發射極E（n）→集電極C（n）→LED$_2$（n、p）→電池正、
負極→電源正極〕。

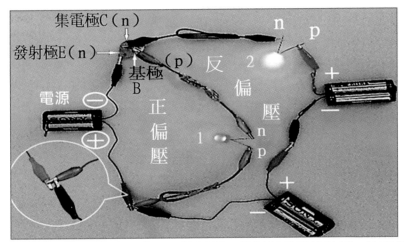

圖2-5-4-2　用LED燈實驗的電子流路徑，說明電晶體的功能：正向偏壓
　　　　　通路形成，即可打通原本的斷路，並且放大電流訊號。

第三節　由「聲音」檢視電晶體可放大訊號

上列用LED燈的實驗，對電晶體「放大訊號」的功能並不理想。我們
可以將實驗再加改變，由「聲音」來檢視電晶體「放大訊號」的功能。

尋找適合的音樂IC晶片套件材料包：

在網路上可以買到音樂IC晶片以及其套件材料包，是一種簡單的語
音振盪電路，使蜂鳴器（電磁喇叭）播出音樂信號。

所謂適合的音樂IC晶片套件材料包只有幾個零件：音樂IC、電晶
體、電容、蜂鳴器、導線和電池盒。

工作電壓為3V，它的「音樂訊號燒錄在IC之中」，而「放大訊號的
任務則由獨立的電晶體擔任」，此套件需要自行動手焊接，更適合我們的
需求：「驗證電晶體可以輸出放大的聲音訊號」。

焊接音樂IC套件：

　　依照說明順序焊接套件材料，接上電源後音樂IC發出訊號，經由S8050電晶體放大，再驅動蜂鳴器發出音樂（圖3-1）。

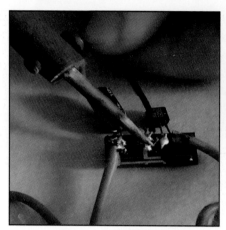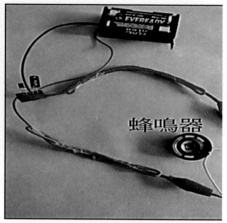

圖3-1-1　焊接套件材料，以及音樂IC套件的原型電路。

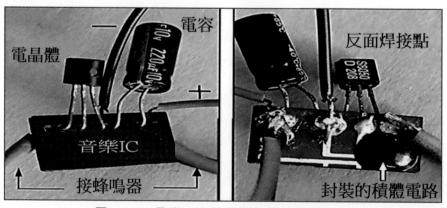

圖3-1-2　音樂IC套件原型電路的局部放大

由電路圖研究如何改變才能演示電晶體的功能：

　　再由組合好的音樂IC套件實體，畫出它的電路圖（圖3-2）。

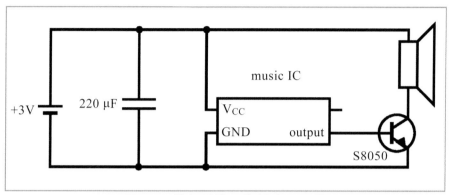

圖3-2　帶有音樂IC的基本電路圖

　　在這些零件的組合之中，電晶體是獨立於音樂IC的，所以我們可以在原來的電路中另外接線，使蜂鳴器直接接收來自音樂IC的電訊，如此的電路不再經過電晶體的集電極（C），我們應該只能聽到微弱的音樂（圖3-3）。

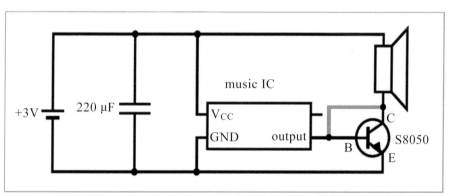

圖3-3　電路加橘色導線，音樂IC的電訊不再經過電晶體集電極（C）。

依設計焊接新的電路進行測試與解釋：

　　依照這樣的想法，實際動手做做看，同時以8Ω 8W喇叭替換原本的蜂鳴器。實驗的播音效果：和原本的電路拉開了十分明顯的差距。

· 回到原本的電路（圖3-4）：音樂IC的電訊完整經過電晶體E-B-C（npn）三極，可以聽到非常明亮且清晰的音樂，成功驗證了電晶體的放大輸出功能。

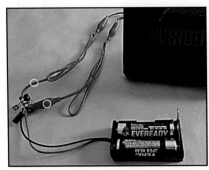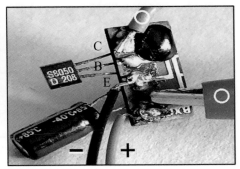

圖3-4　音樂IC的電訊經過電晶體E-B-C三極（右側為重點放大圖）

· 改變電路設計（圖3-5）：音樂IC的電訊只經過電晶體E-B兩極的電路、不經過電晶體的集電極（C），可以由喇叭聽到清晰但很微弱的音樂，表示僅以原始音頻輸出，未曾放大聲音的輸出訊號。

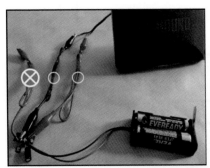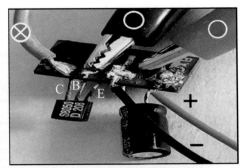

圖3-5-1　以金屬夾測試：電訊改走捷徑不經電晶體集電極（C）

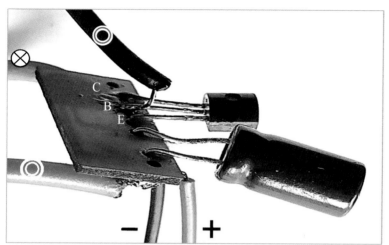

圖3-5-2　再由電路板反面焊接電晶體B極，以免傷及正面電路上的IC。

　　讓音樂IC的電訊走捷徑，不經過電晶體的集電極（C），有了這樣特殊的電路設計，我們終於用聽覺親身體驗到，電子學教科書中下列文句的真切意義：

　　電晶體集電極電流I_C和基極電流I_B的比值稱為電流增益β，該值通常約在80～200之間。

　　$\Delta I_C = \beta \Delta I_B$。若$\beta = 100$，則基極電流的變化量將放大100倍。

電容在電路中扮演的角色：

　　這個音樂IC，本來的電路設計是直流供電，但是藉由電晶體將電流變為脈衝交流電訊，然後放大電流驅動喇叭，變動的成分不小。如果沒有「電容濾波」，IC就會取得變動的電源，連帶會對IC的輸出造成不良影響，結果也許是走音，也許是越來越大聲，甚至讓樂音變成了噪音。

　　電容器常用在電子電路中，阻隔直流電，讓交流電可以流過電容器。在傳統類比式濾波電路中，電容器可以使電源供應的輸出變得更加穩定。

電晶體的選擇：

　　電晶體的設計，有些適合當開關，有些適合放大訊號，有些走通用路線。例如：這次實驗用到S8050電晶體，它就適合將訊號放大。

　　以上的實驗看似簡單，但是在設計的過程中，作者的專業知識備受考驗，經過反覆的嘗試與修正之後，終於確定實驗結果為正確。

　　然而「以聲音取代光線」來檢驗晶體的電訊放大功能，效果更加顯著。只可惜難以形諸文字與圖片，請讀者們依照步驟重建實驗，自己就能夠親身體會了。

「以聲音演示電晶體電訊放大功能」之簡易型實驗

　　大家可以自行上網購買器材元件，做個更簡易的實驗。器材包括音樂IC電路板、電晶體（NPN S8050 D331）、兩顆1.5V乾電池（附閘刀電池盒及附夾導線）、蜂鳴器（焊接附夾導線）（圖3-6）。

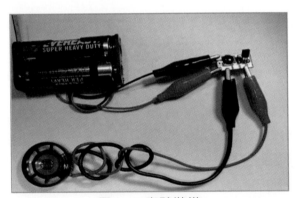

圖3-6　實驗裝備

　　由蜂鳴器的連接位置，選擇音樂IC的電訊是否完整地經過電晶體E-B-C三極，以聆聽方式比較聲音的變化，即可演示電晶體具有將輸出電訊放大的功能。

首先將電晶體的三隻引腳，依設計焊接在音樂IC電路板上（圖3-7）。

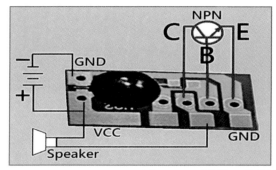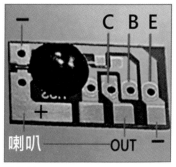

圖3-7-1　音樂IC的電路設計

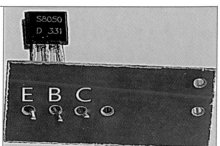

圖3-7-2　電晶體在音樂IC電路板的焊接位置：正面（左）、反面（右）

一、依原設計位置，將蜂鳴器接在音樂IC電路板上：

　　蜂鳴器的兩條電線，藉鱷魚夾連接在電路板上的位置是：其一連接在VCC處（正極導線連接點），另一連接在電晶體集電極（C）下方的「OUT」處（圖3-8）。

　　如此使音樂IC的電訊完整地經過電晶體E-B-C三極，通電即可聽到響亮的音樂聲。

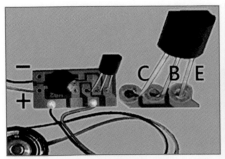

圖3-8　蜂鳴器接電路板預設位置，音樂IC電訊經過電晶體E-B-C三極。

二、不依原設計，將蜂鳴器連接在音樂IC電路板上：

　　蜂鳴器的兩條電線，藉鱷魚夾在電路板上連接的位置：其一連接在VCC處（電源正極導線連接點），另一則可選電晶體發射極（E）（圖3-9-1）或基極（B）的「對外連接」處（圖3-9-2）。

　　這樣音樂IC的電訊，就會跳過電晶體的集電極（C），通電後僅能聽到微弱的音樂聲。

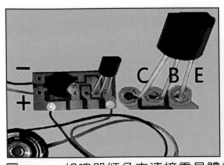

圖3-9-1　蜂鳴器紅色夾連接電晶體發射極E的「對外連接」處，音樂IC的電訊跳過集電極（C）。

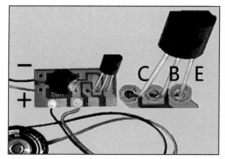

圖3-9-2　蜂鳴器紅色夾連接電晶體基極B的「對外連接」處，音樂IC的電訊跳過集電極（C）。

　　上述蜂鳴器在音樂IC板上的不同接法，電路是否經過完整的電晶體E-B-C三極，音量效果差距十分明顯，此爲電晶體具有「將輸出電訊放大」功能之最簡單有效的實驗。器材容易上網購買、操作十分簡便，但是因爲沒加「電容」，聽起來會略有雜音。

第四節　「後設認知」的理論與實踐

　　以上實驗目的並不在創造發明，重點在於簡化後重建前人的設計，如此一步步跟隨專家的思路，以切實學會電晶體的作用機制，最後還要反思自己的學習歷程，創意發表學習心得，以驗證教育學的「後設認知」（Metacognition）理論。

　　回頭再看一次接面電晶體的操作原理和功能（圖4-1），可以正確地用自己的方式重新描述一遍，或者能夠自行動手組裝實驗器材，並演示說明電晶體的功能。

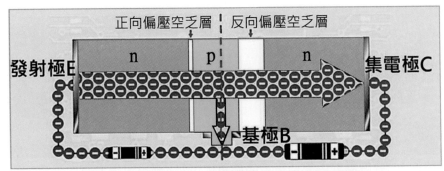

圖4-1　重新檢視：電晶體的操作原理示意圖

這個電晶體的奧秘，就好像武俠小說裡的「打通任、督二脈」（發射極E、集電極C）：只要能夠服用靈藥（基極B），再加上高人的內力導引（正、反向偏壓），就能夠衝破生死玄關（兩處空乏層），從此真氣（電子流）源源不絕百倍放大，成為一名真正的絕世高手（電晶體）了。

經由這樣的學習歷程，就算不是本科的專業背景，也能夠對電晶體建立正確的初步認識，作為日後學習IC相關知識的基礎了。

多年科學教育工作，讓我養成了一個工作的好習慣，只要將科學理論理解之後，立即以實驗模式來檢驗並深化學習。

我們設計了一個安全的模擬實驗，在第一階段用乾電池和LED燈珠輸出直流電，驗證了電晶體的開關功能；而在第二階段則以音樂IC的電路設計，藉由電磁喇叭驗證了電晶體的放大功能。

在2017年到大陸參加新教育國際高峰論壇，筆者曾在會中介紹如何以簡單的實驗說明電晶體之功能（圖4-2），其中另一位論文發表者告訴我，他當年在大學物理課中一直無法理解電晶體，這次才終於瞭解了什麼是電晶體。

圖4-2　在新教育國際高峰論壇中介紹：

　　　　「如何以簡單的實驗說明電晶體之功能」

第八章

新一代的人工照明──LED燈

　　LED燈珠在小學的自然科實驗中就用到了，但是大家對生活中常見的LED燈條或是LED燈泡卻比較陌生。我們不妨由生活必備的手電筒開始探索。

第一節　LED手電筒

一、觀察手電筒裡不同型式的LED

　　這個LED手電筒的前端，有一個小小的LED燈珠，可向前方照明。手電筒的側邊，還有一個很像一個日光燈管的LED燈管，也可用來照明，它也是LED燈嗎？

　　手電筒側面的開關向前推時，有燈光向前射出（圖1-1）；開關推向中央時，燈不發光（圖1-2-左）；開關向後推時，側燈亮可以照明（圖1-2-右）。

圖1-1　左：手電筒開關向前推，向前方照明。　右：手電筒的前燈

圖1-2　手電筒開關置中時，無燈亮；開關向後推，側燈亮。

這個手電筒使用一個開關去控制前燈和側燈，每次只用前燈或側燈其中的一個。這樣的開關又是如何控制電路的？

測試側邊的LED燈條

它側邊有一個乳白色的塑膠罩子，取下燈罩，看到一排小方塊，它們是LED燈嗎？形狀怎麼和一般的LED燈珠不一樣（圖1-3）？

推論：

‧如果這個側燈是許多小的LED燈，那麼它應該遵照LED接電的原則：燈的長腳必須接著電池的正極，它的短腳必須接著電池的負極，才能通電。

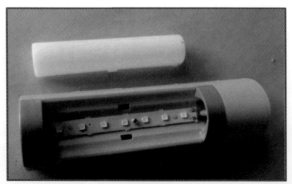

圖1-3　取下手電筒的側邊燈罩，看到一排小方塊。

測試驗證：

・上網查詢，得知這樣的小方塊是LED晶片。

・用一個1.5V的電池測試側燈之中的一個小晶片，它不會亮。

　用兩個1.5V的電池測試側燈之中的一個小晶片，它才有機會亮燈。

・以手電筒的前後端爲方向基準，電池正極接小晶片的後端、電池負極接
　小晶片的前端，通電燈亮（圖1-4），電池正、負極反接，燈不亮。

　所以每個小晶片的後端是LED晶片的長腳、前端是LED晶片的短腳。

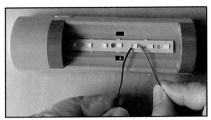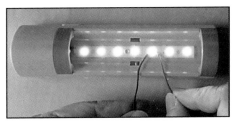

圖1-4　以3V電壓供電，測試單個LED晶片長、短腳的位置。

・同時，只是測試一顆LED晶片，整排LED晶片都亮了？

・這些LED晶片亮度很高，十分刺眼，其程度會防害觀察和攝影。

　圖1-4-右，見到一顆顆的亮燈，是用電力很弱的電池通電後拍攝的。

二、LED燈條電路的連接型式

已知：

・只測試一顆LED晶片，整排LED晶片都會亮。

・燈泡的連接型式有並聯和串聯兩種。

限制：

　　LED晶片長腳須接電池正極，短腳須接電池的負極，才能通電。

未知與求證：

　　這一長排LED晶片條是哪一種連接型式？

可畫出電路圖來研究，確定這是並聯還是串聯（圖1-5）？

畫圖實驗結果：

這個手電筒的LED燈條應是並聯的連接型式

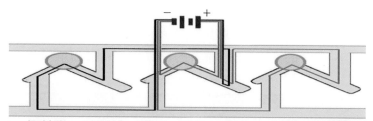

圖1-5-1　燈並聯，只測試一顆LED晶片，整排LED晶片都會亮。

左燈：長腳連電池正極、短腳連電池負極，其通路以黑線表示。

中燈：長腳連電池正極、短腳連電池負極，其通路以紅線表示。

右燈：長腳連電池正極、短腳連電池負極，其通路以藍線表示。

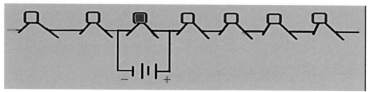

圖1-5-2　LED晶片串聯，只測試一顆：僅一燈會亮。

檢視手電筒側燈是否為並聯的電路：

‧移去晶片串中央的固定螺絲釘，將晶片串構造一端抬高使它透光，拍照。

此時可以看到電路板上「電路的連接法（下圖中藍色者）」：

‧每個LED晶片的長腳（P）都能和電源正極相接；每個LED晶片的短腳（N）都能和電源負極相接（圖1-5-3）。

手電筒側燈之LED晶片串確定為並聯的型式。

圖1-5-3　LED手電筒中，電路板上並聯的LED晶片。

三、手電筒的開關與電路

　　這個手電筒一個開關要控制兩個燈組：一是單個的 LED 燈珠，另一則是一長串的 LED 晶片並聯條。

　　一個開關如何控制兩個燈組？其中的電路是怎麼連接的？

· 預測開關有三個突起的接頭，分別和相關的電路連接（圖1-6-1）。
· 在單個燈珠的這個電路中，要注意電路中LED燈的長腳、短腳如何和電池正負極相連接？再在電路中加入開關（圖1-6-2）。
· 接著再畫開關上面的接頭如何和LED晶片串去連接的電路：
　注意電池正、負極如何和LED晶片串的長、短腳相連（圖1-6-3）。
· 最後，將上述兩燈組的電路圖再合併為一個整體的電路圖（圖1-6-4）。

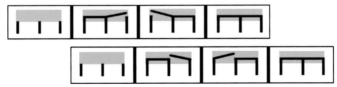

圖1-6-1　圖示：預測開關分別和相關的電路連接的方式。

圖1-6-2　單顆LED的電路和開關：LED長腳接正極、短腳接負極。

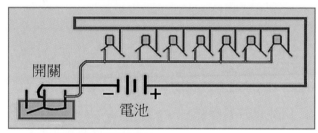

圖1-6-3　LED晶片條的電路和開關：
　　　　各晶片長腳接電池正極、短腳接負極。

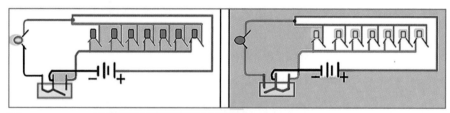

圖1-6-4　LED手電筒的整體電路和開關：
　　　　左：只亮前方單顆燈珠　　右：只亮側邊晶片條

設計驗證與解釋：

　　打開手電筒的外殼，看看我們預測的電路圖是否正確。

1. 電池部分：

· 連接單一LED燈的電路是正確的，但是發現它用了三顆1.5V的電池，並

且在LED燈的長腳和電池正極之間，增加了一個電阻（圖1-7-1）。

· 這個單顆LED燈需要兩顆1.5V電池，卻不能承受到三顆1.5V電池的電壓，所以需要在電池和燈珠之間，加一個電阻，才能使用。

· 手電筒裡面用三顆1.5V電池：應該是爲了側面燈管（7顆LED晶片）的需求而設計的。

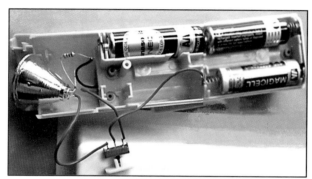

圖1-7-1　手電筒中LED燈的導線、電阻、開關和三顆電池。

2. 電路部分：

· 以白線描繪標示連接單顆LED燈珠的電路（圖1-7-2）：

　　「電池正極→電阻→燈珠→開關→電池負極」

· 在實物照片中標示電池的正、負極。

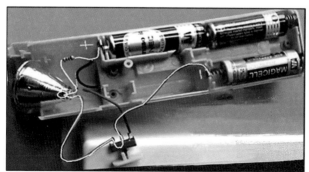

圖1-7-2　連接單顆LED燈珠的電路和開關：以白線標示「電池正極→電阻→燈珠→開關→電池負極」的實物電路。

‧用白線描繪以標示連接LED晶片條的電路（圖1-7-3、1-7-4）：

電池正極→LED晶片條（在另一面）→開關→電池負極

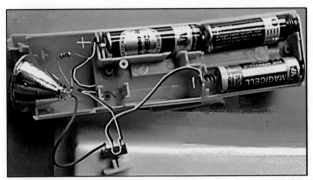

圖1-7-3　連接側邊LED晶片條的電路和開關（一）：以白線標示：

電池正極→另一面的晶片條→開關→電池負極的實物電路。

圖1-7-4　連接側邊LED晶片條的電路和開關（二）：

找出電池正（黑線）負（藍線）極如何和晶片以及開關連接。

‧檢視過手電筒內部構造之後，修正原來的電路圖，加入電阻，並將電池
改為三顆1.5V者（圖1-7-5）：

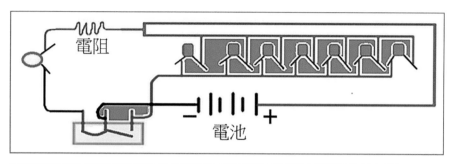

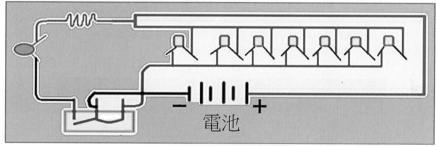

圖1-7-5　修正後此LED手電筒的電路圖：

　　　　上：前方單顆燈珠亮　　下：側邊晶片條亮

LED燈珠並聯、串聯和電壓的關係：

　　LED燈珠「並聯、串聯」和「電壓」之間有關聯嗎？動手試試！

先測兩燈並聯：

· 兩個LED燈珠長腳（P）同時接上電池的正極、兩個LED燈珠的短腳（N）也都接上電池負極，這樣就是並聯的接法。

· 打開3V電池盒的電源，看到兩個燈都亮（圖1-8）。

再測兩燈串聯：

· 電池正極接上一個LED燈珠的長腳（P），電池負極接上另一個LED燈珠的短腳（N），再將兩個LED燈珠彼此長短互接，這樣則是串聯的接法。

·同樣打開3V電池盒的電源，結果卻看到兩個燈都不亮（圖1-9-1、2）。

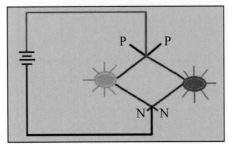

圖1-8　兩燈並聯：3V電池可使兩個燈都亮。

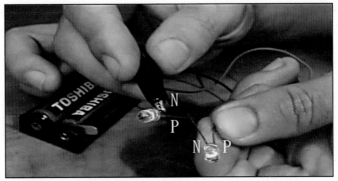

圖1-9-1　兩燈串聯：3V電池無法使燈珠發亮。

　　將兩個LED燈珠分別接上3V電池它們都能亮燈，表示兩個燈珠都正常（圖1-9-2）。但是3V電池的電壓卻不足以點亮兩個串接的LED燈珠。

　　再將電池改用四顆串聯（此時電壓加大至6V），串接的兩個LED燈珠可以發亮。結論是：LED燈珠**兩燈串聯比並聯時需要更高的電壓**。

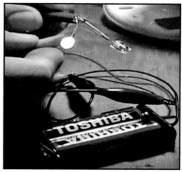

圖1-9-2　動手檢驗燈珠是否正常

光劍造型手電筒：

　　檢視一具改良式LED手電筒，採用3顆1.5V袖珍電池，驅動3顆發光二極體，經柱狀壓克力透鏡集束照明，造型彷彿星際大戰主角手上的光劍，卻能同時發揮引導與指示的功能（圖1-10）。

圖1-10　光劍造型手電筒

上網查詢電路元件 ── 電阻的資料：

．電阻器上通常印有四個色環（亦有五色環的精密電阻），各代表不同的

電阻值，每一個電阻器均有其承受的電壓或電流的上限（主要取決於電阻器的體積）。大部分電阻器會標示額定的電功率，另外一些則會提供額定的電流或電壓。

· 要讓LED發光，必須在LED兩端施加2V的電壓，若將3顆1.5V電池串聯，由於電壓過大（約4.5V），造成通過的電流過多而使得LED損壞。須在LED和乾電池之間接上一顆適當容量的電阻。

· 電阻的功能就是藉由限制電流的流量，讓電子電路能順利工作，正是電子電路所不可或缺的元件之一。

體驗「概念改變」POECC的學習歷程：

　　我們由LED手電筒的LED晶片，溫習了電路的串聯、並聯，並由繪圖方法預測探索，再由實物驗證了這些概念。同時，在LED手電筒中見到了電阻，擴展了我們對半導體電子零件的探索機會。

　　在這些過程中，找出LED手電筒值得探索的問題；預測可能的解答；針對預測設計驗證；再觀察實驗結果；提出解釋；再對先前的「預測」和「解釋」步驟進行「比對」，促進後設認知技能，進而得出「結論」，最終達到「概念改變」的目的。

　　探索LED手電筒，讓我們有機會體驗到「概念改變」POECC（Prediction、Observation、Explanation、Comparison或Conclusion）的學習歷程。並將先前的記憶資料聯結成一個連貫性的、精緻化的正確概念。

第二節　出口指示燈

出口指示燈裡的LED燈條

　　出口指示燈（Emergency exit lights）放置在建築物內，清楚地指示出口，以便在緊急情況下安全疏散。對大樓的緊急出口指示燈大家應該都不陌生，您可曾仔細看過（圖2-1）？

圖2-1　緊急出口指示燈

　　發現這些緊急出口指示燈並沒有燈泡，厚實有圖有文的塑膠片整個發亮，再仔細觀察，光源似乎在塑膠片的上方，因為那裡有一粒一粒的小亮點，可能是一排LED燈條嗎？

　　利用大樓電路維修的機會去資源回收場，拿到一些汰舊下來的緊急出口指示燈，果然可以由上方長型的金屬罩中抽出了LED晶片燈條，用電池接在燈條末端的導線上供電，整條LED燈都亮了（圖2-2）。只測試一顆LED燈，整排LED燈卻都亮了，它應該和前一活動LED手電筒之中的晶片燈條相同，是各燈並聯的電路。

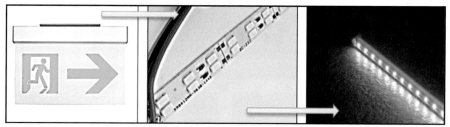

圖2-2　緊急出口指示燈的LED晶片燈條

緊急出口指示燈的內部結構：

　　緊急出口指示燈是由牆上天花板引電的，那是電力公司提供的110V交流電，而每個LED的額定電壓值為3V～5V直流電，所以緊急出口指示燈

應該有搭配專用的變壓器才行，使高電壓變成低電壓，同時還須靠二極體將AC交流電整流為DC直流電才能使用。有了這樣的推測，需要繼續求證。

打開這個緊急出口指示燈上方長型的金屬罩，果然見到了變壓器可降低電壓。

上網查詢，LED晶片燈條依其燈珠數決定電壓該降低多少，一般LED晶片燈條低壓是5V、12V、24V。

緊急出口指示燈裡有二極體，可使交流電AC變為直流電DC，供LED使用；看到當作備用電源的充電電池；還有封裝好的黑色長方形積體電路，可控制各個電器元件（圖2-3）。應急照明通常有自己的專用電路連接建築物的電源。

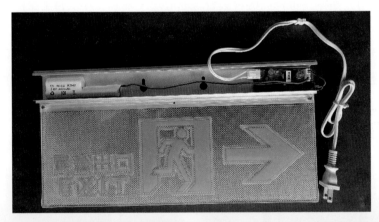

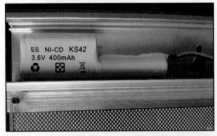

圖2-3　某種緊急出口指示燈的內部結構
　　　左：充電電池　右：積體電路、MT669058變壓器和二極體

　　如果買了一個出口指示燈，把它的送電開關打開，那麼我們可以看到整個出口警示燈的面版都會發光（圖2-4-1）。

　　接著我們應該打開電源燈旁的測試開關，像這樣放置10到20分鐘，然後把插座拔掉，模擬停電的時候，看看此時整個出口指示燈是否還能繼續亮著，檢測它「充電電池」的功能是否正常（圖2-4-2）。

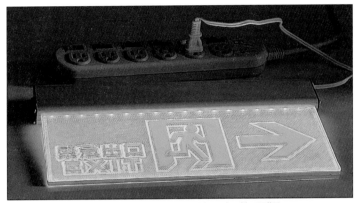

圖2-4-1　　測試出口警示燈的面版

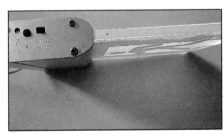

圖2-4-2　　插座通電出口警示燈的側面，及其電源燈和測試開關的特寫。

附加：LED行動應急燈

　　這個行動應急燈的電源可使用交流或鉛酸電池，停電時它有備用的充電電池。主燈有35顆LED晶片，側燈有一顆LED燈珠。

　　省電、明亮（1.5W）也方便攜帶（圖2-5）。

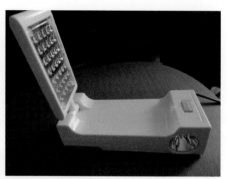

圖2-5-1　行動應急燈及充電顯示

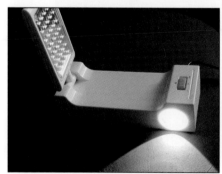

圖2-5-2　LED行動應急燈可亮側燈或主燈

內部構造有鉛酸電池和電晶體、二極體、電阻等半導體（圖2-6）。

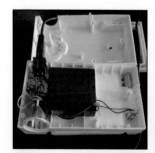

圖2-6　LED行動應急燈有鉛酸電池和電晶體、二極體、電阻等半導體。

回顧動手實驗探究出口指示燈的意義：

· 由出口指示燈溫習變壓器的功能，使110V的電壓降至LED晶片燈條可用的低電壓（5V、12V、24V）；

　溫習二極體，它使交流電（AC）變直流電（DC）供LED發光。

· 見到積體電路、二極體、電阻等半導體構造和元件。

· 觀察電器中的充電電池，以及使用說明，充實了這方面的常識：

使用說明：

　　請隨時接上電源，保持電源指示燈亮，再將開關置於開的位置，確保停電時能自動照明。電池應至少每三個月充電一次，以延長電池使用壽命，放電後應立即充電，以免過度放電，造成燈具損壞。

第三節　LED的照明

LED燈泡和LED日光燈管

　　常見的LED燈泡是由許多小的LED晶片加上環氧樹脂材質的燈殼，壽命長不易破碎，因此逐漸取代白熾燈和螢光燈作為照明之用。

　　將多個LED晶片封裝在一起，安裝在鋁合金製成的基片上，上方嵌入環氧樹脂的光擴散圓頂（燈殼）。基片被固定在鰭片金屬散熱器的上部，從散熱器下方插入電源電路，散熱器底板固定在杯狀樹脂殼中，E27螺口燈泡底座。

　　由於LED的驅動電壓較低，一般家用電壓為110V～240V，需要將LED及變壓器、二極體橋式整流、MOS電晶體等，一起包裝為燈泡或燈管才能應用於家庭之中（圖3-1）。

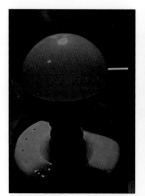

圖3-1-1　常見LED燈泡的外部型式

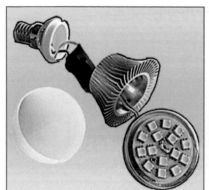

圖3-1-2　LED燈泡的內部構造

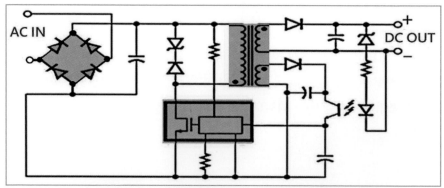

圖3-1-3　LED燈泡電路：標示橋式整流、降壓和控制中心的MOS。

　　照明燈選用半導體材料製作的LED燈，比起其他的燈，壽命較長、發光效率好、更省電、不含汞又更環保。由於環保意識抬頭，每個人都了解到「節能減碳」的重要，因此在21世紀，耗電量低及壽命長的發光二極體就成了時代的新主流（圖3-2）。

種　類	發光方式	發光效率	平均壽命
白熾燈	加熱燈絲	約15 lm/w	1000小時
日光燈	電子放電	60～80 lm/w	12000小時
LED燈	冷性發光	80～120 lm/w	40000小時

圖3-2　白熾燈、日光燈和LED燈發光效率比較表

　　LED日光燈管與傳統的日光管在外型尺寸口徑上都一樣，長度有60cm和120cm、150cm三種。相同照明效率卻比傳統日光燈節電80%（圖3-3）。

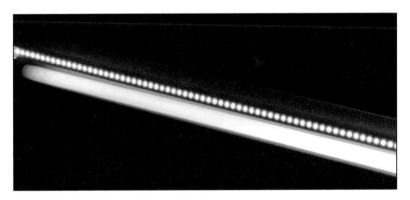

圖3-3　LED日光燈管及內部的晶片

LED燈管不需要啓動器，插入一般家中110V的電源就可以使用，發光的亮度一樣卻比一般日光燈的耗電量要少，可惜目前成本仍然偏高，導致市用率尙無法全面普及。

延伸學習的作業──「故障LED燈泡回收、修復再利用」：

白熾燈泡構造簡單，內部只有一根鎢絲，通電即發熱發光。 而LED燈泡內部則有許多元件組成微型電路，當燈泡「燒壞」時，幾乎都是因爲電路板上某些元件的生產瑕疵、或是燈泡散熱不良所引起的，源自LED本身的問題則較罕見。

由於LED的驅動電壓較低，一般家用電壓爲100V～240V，需要將LED及變壓器包裝爲燈泡或燈管才能使用，而在降低成本的考量下，許多市售產品搭配品質較差的變壓器，可能加快損壞。尤其是在密閉式燈具上裝置的LED燈泡，或是散熱器的材質欠佳，熱能散發不出去，很容易造成LED晶片毀損。所以選購時必須認明包裝上的安規標誌。

對於這些故障的LED燈泡，除了分類回收之外，我們還可以做些實驗來研究。例如（以下資料由涂元賢老師提供）：

用3V電池來對這些小LED晶片一一測試，看看它們通電後哪些還會發亮。注意LED燈的長腳須接正極，短腳須接負極，只有接對了才能形成通路。此外還發現這個測試樣品，當電池接通一個小LED晶片時，旁邊的另個也會一起亮，原來整個燈泡裡的小LED晶片是以兩兩作爲一組的（圖3-4）。

圖3-4   此測試樣品之LED晶片：每兩個爲一組。

　　逐組測試，標記出不能發亮的LED晶片，再試著解決問題：如何讓這個LED燈泡還能繼續照明？

　　可以焊接新的LED燈珠或LED晶粒，替代壞掉的LED晶片。也可以焊接新的電阻替代壞掉的LED晶片，測試結果都可行（圖3-5）。

圖3-5-1　修補故障LED燈泡：焊接新的LED燈珠

圖3-5-2　修補故障LED燈泡：

左：焊接新的LED燈粒　右：焊接新的電阻

圖3-5-3　LED燈泡修補之後的照明效果令人滿意

　　若是燈泡內的LED晶片損壞太多，也可以將堪用的部分LED晶片，連同基板一起切割下來，當作零件再加利用。例如：移植到故障的手提燈籠，就可繼續照明了（圖3-6）。

圖3-6　重新利用燈泡內的LED晶片

LED具有極標準的單色性：

　　隨著技術發展和成本不斷降低，目前LED廣泛用於交通信號燈、汽車指示燈和各種電器通電訊示的領域之中。

　　由於LED具有極標準的單色性，對某些場合的需求更具優勢，例如綠光、紅光和黃光，符合交通號誌燈和導航燈的要求（圖3-7-上）。集合許多LED燈珠由點構成面，還可藉由控制個別的明暗產生動態的圖案變化，

例如斑馬線上大家看到的「行人過馬路」號誌燈，就是動態的圖案變化（圖3-7-下）。

在夜間照明的場合，諸如飛機尾燈和橋樑顯示燈等等，黃色LED更是最佳選擇，因為黃光對霧氣的穿透力較佳，人類視覺對黃光也較敏感。

LED高發光、低發熱的特性，讓我們在各類日常生活之中，能夠擁有更加節能、更加方便、更加舒適的照明環境。

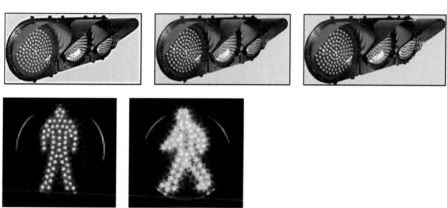

圖3-7　常見的LED交通號誌燈

LED照明產業概況與展望：

LED（Light-Emitting Diode，發光二極體）為一種半導體電子元件，可在電流驅動下將電能轉換成光的形態輸出，成為現代主要的人工光源之一，普遍用於照明燈具、螢幕背光或是顯示等用途。

因全球對綠能的重視促使LED產業發達成長，針對發出相同亮度的情況下，LED相比冷陰極螢光燈（CCFL）和省電燈泡（CFL）都減少50%以上的耗能，一年約可減少700億噸的二氧化碳排放量。顯示LED照明在全球照明市場主流地位的不斷提升而蔚為主流，隨著LED滲透率越來越高，碳足跡的減少比率也會提升。

　　此外，目前各大品牌廠也陸續推出採用Mini LED的終端產品。以筆電背光爲例，一台筆電約需要1萬顆Mini LED晶粒，而一台電視背光更是需要4萬顆；尤其Mini LED技術，讓螢幕內每一個LED的尺寸能不超過2毫米，也因爲Mini LED擁有高亮度、高對比的高顯示效果，可以呈現出更精緻的畫面。

　　LED照明產業鏈：上游爲藍寶石晶圓及藍寶石基板供應商，中游爲生產製程及檢測設備廠商，包括磊晶生成設備、LED晶圓測試、挑撿設備、磊晶片與晶粒之供應商，下游爲LED封裝、模組及LED燈具之供應商。

　　2021年我國LED元件產業發展動向：除了在上游部分原物料供應能力較弱外，我國LED元件產業已建構出相對完整產業鏈，不但在製程技術能力晉升爲全球領導地位，在產能規模上亦穩居全球前四大LED元件供應國。

第九章

光控夜燈 —— 光敏電阻應用實例

　　有些電路中有一種電子零件，其電阻值的大小隨環境中光量強度的不同而改變，例如光控小夜燈、工地的警示燈、偏遠地區的路燈、溫室植物的光照控制、筆記型電腦或智慧型手機面板的亮度控制等，這是一種怎樣的特殊電子零件呢？

第一節　由光控小夜燈說起

兩種光控小夜燈

　　市售的光控小夜燈大約100多塊錢一個，天黑就亮燈，插在牆上夜晚起床就不怕摸黑碰撞產生危險，它怎麼這麼神奇？說明書上說：它的上方中央有一個光敏電阻（Photoresistor），能感測到環境中光量的變化，光量不足時，前方的LED晶片就會發光（圖1-1-1）。

圖1-1-1　小夜燈上方有一個光敏電阻，取下透明燈罩可見LED晶片。

　　又見到一個夜晚會亮燈的馬桶，夜間使用時不必另外開燈，也不會因為起床突然見到亮光而雙眼不適。而晚上衛浴間一開燈，馬桶裡的亮光就立即熄滅了。

　　白天仔細探索，發現馬桶蓋的側邊有一個很小的光敏電阻，用手指輕輕按著光敏電阻，馬上見到馬桶內底部水域發出亮光，它是一顆方型LED晶片的鏡像反射（圖1-1-2）。真是一個貼心實用的科技設計。

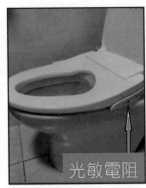

圖1-1-2　夜光馬桶：由光敏電阻控制，外界光量不足時才會亮燈。

上網查詢光敏電阻的資料、整理後摘錄重點：

· 光敏電阻簡稱CdS，是用硫化鎘（CdS）或硒化鎘（CdSe）等半導體材料製成的特殊電阻器，是現代生活中常用的電子零件之一。

· 其工作原理是：當半導體材料感光，其表面吸收光子後，原本處於穩定狀態的電子受到激發，成為游移的自由電子。隨著光線越強產生的自由電子越多，相對的電阻值就會越小，在外加電場作用下便形成了「電流」。

· 觀察光敏電阻之盤面，有CdS線條在電極板上盤曲，好像重疊書寫的S字型，可因此增加感光面積，封裝在透光的密封殼體內，以免受潮而影響其靈敏度。兩側伸出金屬電極作為引腳，並沒有正負極性之分，既可

接到直流電路中使用，也可接上交流電源使用（圖1-2）。

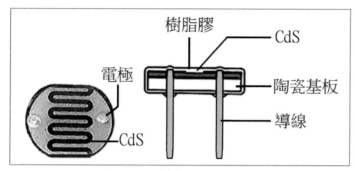

圖1-2　光敏電阻的構造

· 光敏電阻具有體積小、靈敏度高、性能穩定、價格低廉等諸多優點，因此被廣泛地應用在各種光控電路之中。

· 提示：每種光敏電阻的數值範圍不同，有些甚至會趨近於0，因此必須要在線路裡接上一個普通的電阻，避免短路的發生。

第二節　探索電路中的光敏電阻與電晶體

用電路積木（SNAP CIRCUITS Jr.）組裝光控電路模型

這是一種學習電路的教育玩具，所有零件均安裝在塑料模塊上，可以輕鬆地靠按鈕卡在一起接通電路。

我們選取「由光敏電阻控制LED發光」的零件來組合一個光控電路模型，包括光敏電阻、電晶體、電阻、LED燈珠、開關、電池、導線等（圖2-1）：

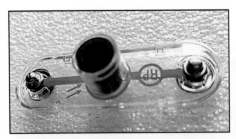

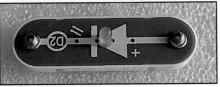

圖2-1　塑料模塊上的實物零件，都黏貼在「電路符號」上方：

　　　　上：光敏電阻在筒狀構造之內（右側為頂面放大圖）

　　　　中：電晶體（右側為電晶體放大圖）

　　　　下：左-100K電阻　右-LED燈珠

　　組合完畢通電，在有光之處LED燈不亮（圖2-2左）；但用一小珠（綠色）放在光敏電阻上方遮光，則見LED亮燈（圖2-2右）。

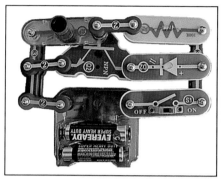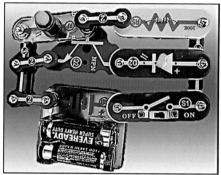

圖2-2　光控電路模型

左：在有光之處通電，LED燈不亮。

右：在光敏電阻上方遮光（綠珠），則見LED亮燈。

探索光控電路模型的電路圖（圖2-3）：

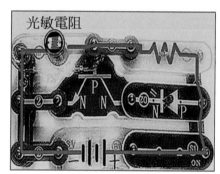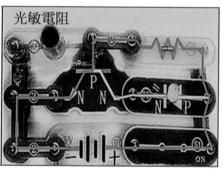

圖2-3　左：在有光之處通電，LED燈不亮，電路以紅線表示。

右：在光敏電阻上方遮光，LED亮燈，電路以橙、黃線表示。

如上圖所示者，實作之後，逐一說出電流所流經的路徑：

· 白天或光敏電阻照光時，它的電阻減小電流增強，電流由電池正極流到電阻，經光敏電阻，回到電池負極。

此時電晶體和發光二極體的電路沒有打通，LED燈不亮。

‧夜晚或外界光量不足時，光敏電阻的電阻值變大，電流就改由電池正極
→電阻→電晶體基極B（P）→電晶體發射極E（N）→電池負極。
此一迴路完成，就能促使電流由電池正極→LED燈的長腳P→LED燈的
短腳N→電晶體集電極C（N）→電晶體發射極E（N）→電池負極。
電晶體飽和放大電流，LED亮燈。

‧藉此等迴路瞭解：光敏電阻依外界光線強弱在外加電場作用下控制了電
路；電晶體也完成了當作開關以及放大訊號的功能。

傳統電路圖：

　　傳統電路圖的電流由電池正極→各種電阻→電池負極，和電子流電路
的順序相反；電路圖中一般電阻、光敏電阻、電晶體、LED燈的符號也有
一定的標示（圖2-4）。

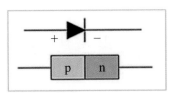

圖2-4-1　　傳統電路中的二極體電路符號

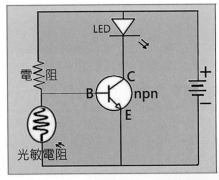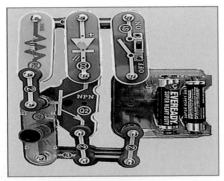

圖2-4-2　　光控電路圖及其實物模型之對照

第三節　再探電路中的光敏電阻與電晶體

用零件組裝光控電路模型

　　瞭解了光敏電阻的基本資料之後，進一步體驗它在電路中的實際應用。在市售各款電子模型的教具中，有一種「光控路燈」的電路套件，可依說明組裝並測試光敏電阻的功能；將其中的調節器改為電阻，完成後只要將光敏電阻用黑色吸管套住遮光，電路中的LED燈就會同步發出亮光（圖3-1）。

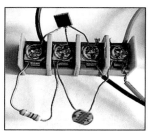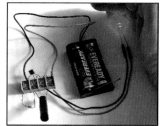

圖3-1　左：電路模型　中：放大組裝零件　右：將光敏電組遮光後亮燈

繪製光控電路模型的實物元件和電路（圖3-2）

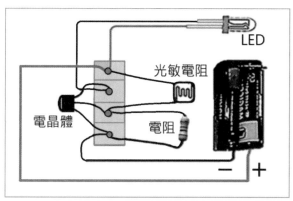

圖3-2　依實物元件繪製的光控電路

依實作探討照光時電流的路徑：

· 白天或光敏電阻照光時，它的電阻減小電流增強，電流由電池正極→光
敏電阻→電阻，回到電池負極。

此時電路不經過電晶體和LED燈珠，燈不亮（圖3-3）。

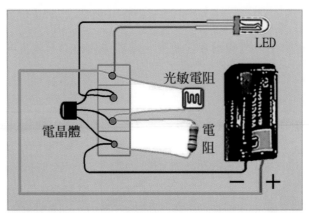

圖3-3　照光時藍線電路：電流由電池正極→光敏電阻經電阻→電池負極

依實作探討無光時電流的路徑：

夜晚或外界光量不足時，光敏電阻的電阻值變大，電流就不經光敏電
阻由電池正極回到電池負極，同時LED亮燈。

1.實測光控電路套件中「電晶體的n、p位置」

此「光控路燈的電路套件」註明其電晶體的型號為SS8550，可以實
測它的型別，再來說明電流的逐步行徑！

我們之前實測過鐵殼電晶體的n、p位置，用同樣的方式來測定這裡
未註明型號的電晶體，看看它是npn型還是pnp型？

· 實測結果：這是pnp型的接面電晶體（圖3-4）。

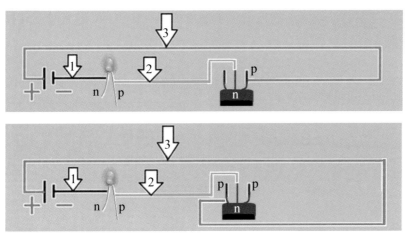

圖3-4　LED燈珠亮了，電晶體SS8550的三隻引腳證實是pnp型者。

2.溫習接面電晶體的構造與功能

　　依實作結果，「光控路燈電路」之中的接面電晶體為pnp者，如何說明電流的逐步行徑？

・電晶體npn 和 pnp的操作原理是一樣的，只是前者的電流主要是由電子的流動所形成，但後者則由電洞所構成。

　　由於在晶體中電子的有效質量比電洞小得多，npn對電子訊號的反應比pnp快速，所以在實際的電路應用中，一般大多選用npn。

　　若用pnp為例來說明操作原理，電洞的流向即為常規的電流方向。

・電晶體有兩個接面，其E-B接面為正向偏壓，另一B-C接面為反向偏壓。

・電晶體具有開關的功能，當E-B之間的電壓V_{EB}達到導通電壓（約0.7V）時，則電路中有電流流通，即能促使B-C接面的反向偏壓成為通路狀態。

・電晶體基極區（B）的厚度很薄，因此來自發射極（E）的多數載子，在通過 E-B接面後，能夠直接穿越基極區到達集電極區（C），而不

至於在中途被基極區的自由電子捕獲復合，使得E-C電流增益β值放大（圖3-5）。

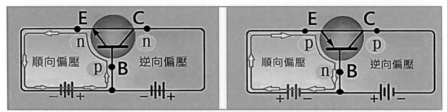

圖3-5-1　溫習兩種接面電晶體的電路。

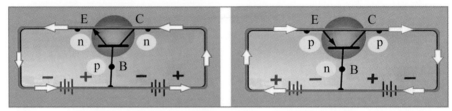

圖3-5-2　兩種接面電晶體的電路及功能：打通逆向偏壓、放大電流。

3. 光控路燈實物模型在光線昏暗時的電路（圖3-6）

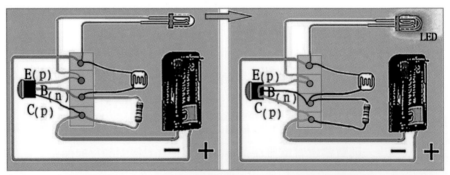

圖3-6　光線昏暗時「光控路燈的電路」以橙色和藍色線表示
　　　　左：電晶體的E-B正向偏壓迴路形成，電流小LED燈不亮。
　　　　右：促使電晶體B-C逆向偏壓迴路打通，放大電流LED亮燈。

· 電晶體pnp的E-B正向偏壓迴路形成，經過電晶體電流小，LED燈不亮：電流由電池正極→LED長腳（p）→LED短腳（n）→電晶體E（p）→電晶體B（n）→電阻→電池負極。

· 接著上述E-B正向偏壓迴路促使電晶體pnp的B-C逆向偏壓導通，E-C電路使電晶體達飽和，電流放大使LED亮燈：電流由電池正極→LED長腳（p）→LED短腳（n）→電晶體E（p）→電晶體C（p）→電池負極。

第四節　工程警示燈

工程感光警示燈常設置於路口、彎道、施工、事故地點等，並於夜間時段自動發出警示閃光。其目的在於提醒路人夜間行車減速慢行，並且持續以紅燈爆閃方式有效嚇阻交通違規，來降低該處危險事故的發生機率。

初探工程警示燈：

· 工程感光式警示燈可手拿、可吊掛、手把也可插在三角錐上（圖4-1）。

· 放入兩顆1號電池後，旋緊握柄即開始閃光；反之，旋開燈光熄滅。

· 何以該燈白天能自動熄滅，晚上自動亮燈？看看它的內部有哪些構造？

圖4-1　常見工程警示燈之外型

工程警示燈之結構和閃光測試（圖4-2）：

・一塊郵票大小的電路板上，緊密排列著四顆LED燈、兩個電晶體、一顆光敏電阻、五個一般電阻和電容，此外就是兩顆一號電池組成的直流電源。

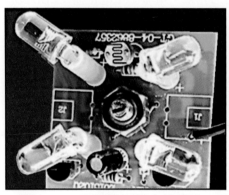

圖4-2-1　工程警示燈內部構造：電路板之頂面及光敏電阻的標示。

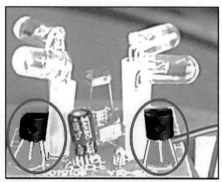

圖4-2-2　工程警示燈內部構造：電路板之側面及電晶體的標示。

轉開工程警示燈的外殼，取出內部結構，測試閃光實驗：

　　原本放入兩顆1號電池後，旋緊外殼即開始閃光；反之，旋開即無燈光。如何操作才能取出內部結構，觀察並測試閃光實驗？

　　工程警示燈的握柄內底部有金屬彈簧，並有一條延伸線由側面伸至頂端（圖4-3）。

圖4-3　工程警示燈握柄內底部的金屬彈簧，並由側面延伸至頂端。

　　方形電路板中央，由螺絲釘固定在一片圓形的鋁片上，鋁片邊緣正好可以卡在外殼燈罩內。原來電池正極可接觸到鋁片正中央的螺絲釘、電池負極經彈簧延伸的金屬線接觸到鋁片的邊緣，和一般手電筒的電路結構相似。

　　所以取出內部結構觀察並測試閃光實驗時，可用兩顆三號電池，將正極接觸正中央的螺絲釘；負極連接在鋁片的邊緣，通電。

　　在光照環境下通電，工程警示燈不亮（圖4-4-1-左）；再以手指遮住光敏電阻（或以黑色吸管遮住光敏電阻）通電，工程警示燈即能閃爍發出亮光（圖4-4-1-中、4-4-1-右）。

圖4-4-1　左：電池正極接中央螺釘、負極接鋁片邊緣，通電LED燈不亮。

　　　　　中：以手指遮住光敏電阻，準備通電。

　　　　　右：遮住光敏電阻後通電，LED燈閃爍發光。

圖4-4-2　電池接電方法同前，以黑色吸管遮住光敏電阻，LED閃爍發光。

工程警示燈的閃爍

　　工程警示燈內的兩個電晶體編號不同，若飽和時增益值$\beta_1 > \beta_2$，則電晶體Q_1會先飽和，而電晶體Q_2先截止。兩組LED燈輪流亮燈，於是，形成了工程警示燈的閃爍亮燈（圖4-5）。

圖4-5　工程警示燈內的兩個電晶體編號不同

光敏電阻實作的反思與討論：

　　能夠藉由動手實作，體認到**光敏電阻和電晶體**電子零件在電路中的工作機制，對於學習者而言是一劑強心針，從此對電子學不再視爲畏途。

　　公共場所一些樓梯通道燈及路燈等之光控電路，用交流電爲電源，則須整流爲單向脈衝直流低電壓後，才能使用。通過光敏電阻器，會在環境昏暗時自動開燈，環境明亮時自動熄燈。

　　光敏電阻已經被廣泛的應用在低成本的光感元件，比如說工地警戒線上的警示燈、偏遠地區的路燈、溫室植物的日光照度、筆記型電腦或智慧型手機的面板亮度、燈具的自動開關、攝影用的測光計、火災及煙霧警報器、防盜警報器、工業上控制電路中。

閃光工程警示燈的基本電路如何？查詢資料整理如下（圖4-6）：

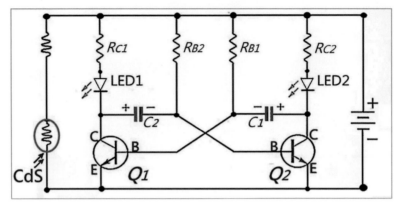

圖4-6　閃光工程警示燈的基本電路：

CdS－光敏電阻、Q－電晶體、C－電容、R_C－連接電晶體集電極之電阻（電阻值小）、R_B－連接電晶體基極之電阻（電阻值大）。

白天閃光工程警示燈的電路：

　　白天或光敏電阻照光時電阻減小，通電後電流由電池正極→電阻R→光敏電阻→電池負極（圖4-7）。此時即使接上電源，電晶體和發光二極體的電路都沒有打通，LED燈不亮。

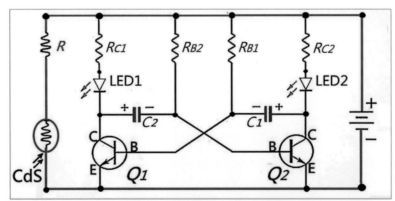

圖4-7　白天閃光工程警示燈的電路：電流迴路以紅色路線標示。

夜晚閃光工程警示燈的電路：

　　天黑之後光敏電阻的電阻值變大，電流就改走經過電晶體和發光二極體的電路。若無電容，接上電源，瞬間兩個電晶體的順向偏壓電路導通（圖4-8-1）。

Q_1：電池正極→電阻R_{B1}→Q_1基極（B）→Q_1射極（E）→電池負極。

Q_2：電池正極→電阻R_{B2}→Q_2基極（B）→Q_2射極（E）→電池負極。

　　接著E-C逆向偏壓電路導通，放大訊號，引起LED亮燈（圖4-8-2）。

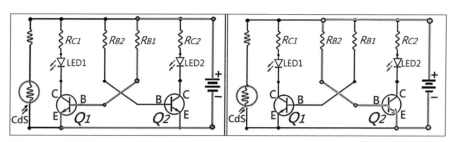

圖4-8-1　　兩個電晶體各自的順向偏壓導通，分別以紅、綠線表示電路。

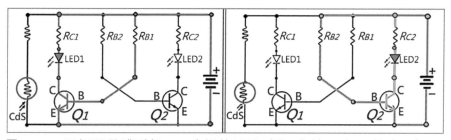

圖4-8-2　　兩個電晶體引起LED亮燈的電路（分別以紅、綠色線表示）。

　　　　Q_1：正極→電阻R_{C1}→LED$_1$→Q_1集電極C→Q_1射極E→負極

　　　　Q_2：正極→電阻R_{C2}→LED$_2$→Q_2集電極C→Q_2射極E→負極

　　然而，在閃光工程警示燈的電路之中有兩個電容，通過電容的充電和放電，改變輸出電位，控制電晶體的飽和與截止，使兩個電晶體會輪流

「行動（ON）和截止（OFF）」，工程警示燈也因此得以閃爍亮燈。

註一：

(1)電容器（capacitor又稱爲condenser）：

‧是將電能儲存在電場中的被動電子元件。當兩個介電質（dielectric）隔開的導體之間有電壓時，在介電質上會產生電場，因此正電荷會集中在一個導體，負電荷則是在另一個導體。

‧電容器常用在交流電及脈沖電路中，在直流電路中電容器一般起阻隔直流電的作用，讓交流電及脈沖電路中可以流過電容器。

若流過電容器的電流由交流電壓或交流電流源產生，由於電流會週期性的變換方向，交流電流會輪流對電容器的兩極充電，電容器兩極的電荷會週期性的變化，因此在一個週期內，除了電流由正變負（或由負變正）的那一瞬間之外，通過電容器的電流均不爲零。因此，一般認爲電容器可允許交流電流通過。

(2)介電質（dielectric）：

是一種可被電極化的絕緣體，介電質可被高度電極化，是優良的電容器材料。

註二：

以上工程警示燈的閃爍電路說明，可參考：YouTube「台達磨課師高中電子學多諧振盪電路」

第十章

電磁爐與溫控風扇
——熱敏電阻的應用實例

　　學過了光敏電阻，接著介紹它的兄弟產品——熱敏電阻（Thermistor）。顧名思義是針對熱（溫度變化）的控制元件，同樣都是半導體在生活科技應用上的重要角色。

　　只要留意網路廣告，經常可以看見如下的文字介紹，例如：

　　NTC熱敏電阻精準控溫防乾燒斷電保護，304不鏽鋼內膽雙層隔熱防燙壺身。

　　廣告之中的英文縮寫NTC是什麼？還有其他型式的熱敏電阻嗎？

第一節　簡介

熱敏電阻就是一種熱（thermal）電阻（resistor）：

· 熱敏電阻器對溫度敏感，不同的溫度下表現出不同的電阻值。熱敏電阻的使用方法像普通保險絲一樣，串聯在電路中使用。

· 正溫度系數熱敏電阻器（PTC-Positive Temperature Coefficient）在溫度越高時電阻值越大；負溫度系數熱敏電阻器（NTC-Negative Temperature Coefficient）在溫度越高時電阻值越低，它們同屬於半導體器件。

・PTC熱敏電阻器一般是以鈦酸鋇多晶體爲主要材料，在鈦酸鋇中添加少量稀土元素，通過高溫燒結而成。

主要用於電器設備的過熱保護、無觸點繼電器、恆溫、自動增益控制、電機啓動、時間延遲、彩色電視自動消磁、火災報警和溫度補償等方面。

・NTC是以錳、鈷、鎳和銅等金屬氧化物粉末爲主要材料，製成的半導體陶瓷元件。

廣泛用於溫度測定，溫度控制或電路的溫度補償。常用的家用電器例如電鍋、電磁爐等，都會用到。

第二節　電磁爐

電磁爐裡的熱敏電阻

那天想要吃火鍋才發現家中的電磁爐壞了，趕快拜託開電器行的朋友幫忙修理，沒想到在旁等候時幸運地上了寶貴的一課。

經過專家拆解測試，原來是電磁爐加熱線圈中心的熱敏電阻壞了，在更換了同規格的零件之後，電磁爐果然又能正常使用了。

這是我第一次觀察到電器中的熱敏電阻，而且清楚看到了新零件的包裝袋上標示著：電磁爐專用的100K NTC熱敏電阻（圖2-1）。

在加熱過程中需要用到NTC熱敏電阻，將熱量信號傳遞到控制電路，從而測量和控制溫度，可以預防電磁爐發生過熱情況，保證了使用的安全性，又能節約電能。

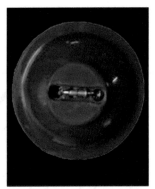

圖2-1　左：電磁爐加熱線圈　中及右：線圈中心的NTC熱敏電阻

外形多樣的熱敏電阻：

　　在回收場看到一塊電路板，中央位置一大塊的散熱鰭片引起了我的好奇：像這麼需要加強散熱的電器，會不會有熱敏電阻負責控溫、保護呢？

　　經過一番按圖索驥，在電路板的角落發現一個鈕扣大的黑色零件，其下清楚標示著NTC，很開心推論得證（圖2-2）。

圖2-2　左：在電路板左下角發現NTC　右：放大檢視可見零件型號

　　這個電路板上的NTC熱敏電阻，外型和那次電磁爐送修時看到線圈中心的NTC明顯不同，上網才發現有各式各樣的造型和規格，早已深入

應用到各種電器之中，對於這一類重要的電子元件，有必要再進一步去認識它們（圖2-3）。

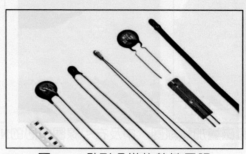

圖2-3　外形多樣的熱敏電阻

電磁爐的加熱原理

電磁爐內爐面的熱絕緣板下方有一銅製線圈，通電後線圈產生交流磁場，交流磁場通過放在爐面上的鐵磁性金屬器皿時，能量以渦電流現象在器皿內轉化成熱能。

通電後電磁爐中線圈產生磁場，並且方向不斷變換。按冷次定律，鐵磁鍋為了抗衡這種變化，也不斷產生頻率相同，但方向相反的感應渦電流。渦電流現象在器皿內轉化成熱能。

設計並繪製示意圖說明：「電磁爐上方鐵磁鍋因電磁感應生成的電流及磁場方向」和電磁爐者相反（圖2-4）。

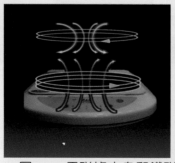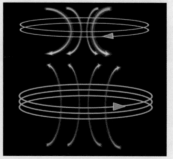

圖2-4　電磁爐本身和鐵磁鍋的電流及磁場方向相反

‧鐵磁鍋為了抗衡電磁爐的磁場，不斷產生頻率相同，但方向相反的感應電流。

‧鐵磁鍋和電磁爐的電流及磁場方向相反。

‧示意圖中的圓圈表示電流方向，其中上下方向畫的箭頭，代表磁場方向。

　　通過鍋具導體板的磁通量發生改變，導體板會產生類似漩渦狀的感應電流來抵抗磁通量的改變，此種漩渦狀的感應電流稱為「渦電流」，渦電流通過具有電阻的金屬鍋具時，就會產生熱。

　　電磁爐中線圈電流方向不斷改變，依冷次定律金屬鍋會抗衡這種變化，不斷產生頻率相同、方向相反的感應渦電流。

　　所以鐵磁鍋產生的每個渦電流，就相當於一個線圈，它能產生感應渦電流（圖2-5）。

圖2-5　電磁爐上鐵磁鍋產生渦電流的示意圖

　　「鐵磁性金屬」是指可以被磁石所吸引的金屬，主要的金屬有鐵、鈷、鎳。並非只有鐵磁性金屬器皿可以利用交流磁場加熱，但只有鐵磁性金屬器皿能量轉換效率足夠高，所產生的熱力、溫度足以用來煮熟食物。

用LED燈珠測試電磁爐的感應電流：

　　電磁爐通電產生感應電流，這樣的原理怎麼用個簡單的實驗來顯示？

· 電磁爐通電後產生強力的交流電磁場，在其上方手拿的線圈若產生感應電流，則線圈上連接的LED燈珠會發亮。

· 線圈與LED 燈反接，燈也會發亮。就能說明電磁爐內線圈的電流方向不斷改變，依冷次定律上方手拿的線圈（代表金屬鍋）會抗衡這種變化，不斷產生頻率相同、方向相反的感應渦電流，所以我們線圈上的LED燈珠正接、反接都會亮燈（圖2-6-1）。

　　這樣的實驗，還可以改變一下嗎……？

· 可改為接兩個長短腳互接的LED燈，電磁爐通電之後，上方線圈的兩個LED燈都亮，也能表示產生交流電的感應電流（圖2-6-2）。

· 電磁爐只能用交流電，才能使上方閉合導體產生交流電的感應電流。上方線圈接上兩個長短腳互接的LED燈珠時，兩燈都亮，只不過交流電的電流方向改變太快，看不出兩個燈珠是間歇性的輪流發亮。

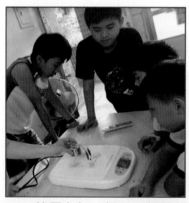

圖2-6-1　　線圈上加一個LED燈珠代表金屬鍋，演示電磁爐的感應電流。

圖2-6-2　線圈上加兩個LED燈珠代表金屬鍋，演示電磁爐的感應電流。

實驗結果以目視證實了感應電流：

· 電磁爐的工作原理，是依法拉第定律：利用交流電通過線圈時產生磁場
　變化，因此可使電磁爐上方的漆包線圈產生感應電流，點亮接在線圈迴
　路上的LED燈珠。

電磁爐實驗：鋁箔紙的飄浮

　　在電磁爐上立一紙筒，套上一片鋁箔紙圈，通電觀察，並加解釋。

· 鋁箔紙受到電磁爐的電流而產生感應磁場，此磁場與電磁爐的磁場互相
　規律的排斥，因此會一上一下的跳動（圖2-7）。

　注意：上下飄浮的鋁箔紙圈千萬不可想要伸手去壓住它，斷電之後才去
　摸摸看。

· 鋁箔紙很熱、發燙。如果剛才通電時去摸它、壓它，會被燙傷！

圖2-7　電磁爐上鋁箔紙的飄浮實驗

　　實驗證明鋁箔紙在電磁爐上會變熱，但一般電磁爐說明書不建議用鋁鍋，是因鋁比鋼的電阻小了10倍以上，電磁爐偵測到的電流就會比較大，所以就啓動保護爐子的裝置而不運作（銅鍋電阻更小當然更不可能啓動了）！

第三節　用溫控風扇模型探索半導體電路

組裝溫控風扇模型的零件（圖3-1）：

　　馬達小風扇、NTC熱敏電阻、電晶體、兩顆3號電池（附電池盒）、電線，裝入電池接通開關後，用拇指和食指捏著熱敏電阻，見馬達風扇開始轉動。

說明溫控馬達風扇轉動的原因：

· NTC熱敏電阻是一個溫控開關，它在低溫或常溫時電阻值大電路不通，在人的體溫控制下，NTC熱敏電阻的電阻值變小通路形成，馬達風扇開始轉動。

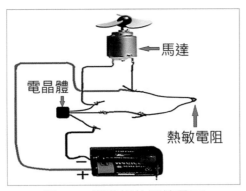

圖3-1　組裝好的溫控風扇

・但此「溫控馬達電風扇的電路套件」並未註明其電晶體的型號，我們也可以實測它的型別，看看它是npn型還是pnp 型？再來說明電流的逐步行徑！

・實測結果：這是npn型的接面電晶體（圖3-2）。

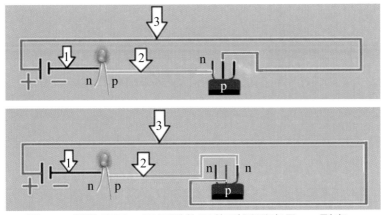

圖3-2　燈珠亮了，電晶體的三隻引腳證實是npn型者。

分析電晶體和熱敏電阻在電路中的功能（圖3-3）。

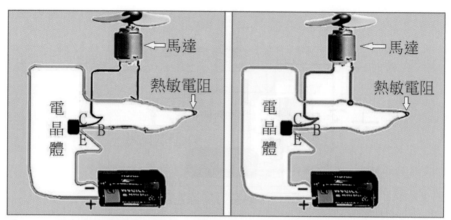

圖3-3　溫控馬達電扇的電路（體溫使NTC熱敏電阻的電阻值變小）

　　　　左：熱敏電阻和電晶體E-B接面正向偏壓電路形成通路（綠線）。

　　　　右：隨即E-C接面反向偏壓電路打通，馬達轉動（綠線加紅線）

用電子流的路徑再檢視一次：

· 通路形成時，電子由電池負極流到電晶體的發射極E（n）→基極B
（p）→溫控開關熱敏電阻，回到電池正極（圖3-3-左）。

· 此時將打通另一斷路：電子可由電晶體的發射極E（n）→集電極C
（n），經馬達回到電池正極，馬達風扇開始轉動（圖3-3-右）。

· 這個電晶體是npn型，在電路中有電流增益的功能，也和熱敏電阻一起
擔任了開關的任務。

回顧動手實驗熱敏電阻的意義：

· 熱敏電阻雖然應用在許多電子器材之中，若是僅靠閱讀、聆聽，它的學
習效果仍然是陌生的。

能夠用簡單的元件做個實驗，動手體驗熱敏電阻的功能，對一般人來
說，絕對需要。

· 同時這樣的實驗，可以再次溫習電晶體在電路中的作用機制和功能。

· 也藉著學習電磁爐中的熱敏電阻，溫習了法拉第和冷氏的感應電流。

第十一章

簡易電子樂器初探

參考網路資料：利用石墨能導電的原理，「一支筆點亮一座微型城市」（廣告用語），我們是否也能設計一組類似的作品，由紙上彈琴的活動開始探索電子樂器是怎麼一回事？

第一節　石墨可以導電

導電的石墨：

網路影片：放在紙上的LED燈珠，用4B鉛筆畫出的石墨粉當導線，再接上電池，就可以演示房屋亮燈了（圖1-1）。石墨可以導電嗎？

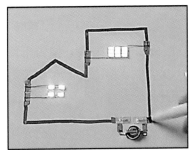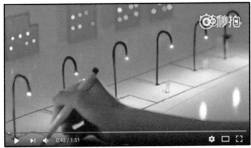

圖1-1　網路資料：以石墨粉畫出導線的電路藝術創作。

石墨導電性最簡單的測式方法，就是用4B鉛筆在紙上畫出石墨粉，再將3V鈕釦電池壓在石墨粉上，以LED燈珠的長腳觸碰電池正極，短腳

觸碰石墨粉，形成通路、燈亮。

　　但是有些4B鉛筆在紙上畫出的石墨含量不足，實驗不易成功，所以我們改用鉛筆心直接排在紙上，電阻小就可以點亮LED燈珠了（圖1-2）。

圖1-2　以3V鈕釦電池和鉛筆心測試石墨的導電性

上網查詢石墨導電的資訊：

· 導體（Conductors）：是指善於傳導電流的物質。

　導體具有良好的導電特性，常溫下，其內部存在著大量的帶電粒子，在外電場的作用下做定向運動形成較大的電流。例如：金屬、大地、石墨、食鹽水溶液等都是導電體。

· 石墨（Graphite）晶體，又稱黑鉛（Black Lead），是碳的一種同素異形體，具有層狀的平面結構，每層中碳原子都排列成蜂窩狀的多個六邊形，層內每個碳原子的週邊以共價鍵連結著另外三個碳原子，伸展形成層狀結構，每層之間有微弱的結合力（圖1-3-左）。

　由於每個碳原子均會放出一個電子，那些電子能夠在晶格中自由移動，因此石墨屬於導電體。

· 鑽石也是另一種碳的同素異形體，在它的結構中碳的四個電子都分別其他四個碳原子的一個電子共用，因此沒有自由電子故無法導電（圖1-3-右）！

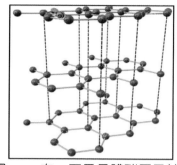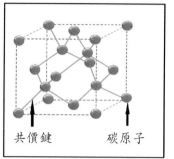

共價鍵　　碳原子

圖1-3　左：石墨晶體碳原子結構　右：鑽石晶體碳原子結構

第二節　電子樂器的靈魂　電晶體和IC

石墨粉配合電路板演奏單音歌曲：

　　一般可變電阻的構造，是由旋鈕帶動的「金屬移動電極」在圓弧形的「碳膜軌道帶」上接觸，不同的旋鈕位置對應到不同長度的碳膜路徑。如果使用可變電阻來做樂器，能像伸縮喇叭那樣演奏出滑音，應該會很有趣。

　　看到學生暑期科學研習課程製作的「尖叫鉛筆」，那就是利用石墨粉導電原理，配合一個電路板做成的科學玩具（圖2-1）。觀察一下那個電路板，於是想到我們可以利用它製作一個簡易的電子樂器。

圖2-1　尖叫鉛筆

　　利用石墨的導電性和「尖叫鉛筆」的電路板，可以模仿電子樂器嗎？

　　在紙上用4B鉛筆密密塗出黑色粗線，其上佈滿石墨粉，再將兩顆1.5V電池串聯作為電源，接上電路板預留的插座。

　　將電路延伸出的兩條電線尾端，確實接觸在同一條石墨粉黑線上，此時立即聽到喇叭發出聲音（圖2-2）。

　　進一步探索、測試：發現石墨粉長線上兩條電線接觸點的距離越長，喇叭的聲音越低；反之距離越短，則聲音越高。

　　接下來請音準敏銳的夥伴協助做成音階標記，就可以開始演奏單音旋律了。現在已經有調音專用的APP可以下載了，更加精確方便喔（圖2-3）！

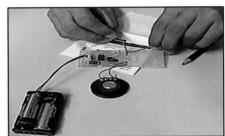

圖2-2　以條狀石墨粉接入電路，電磁喇叭即可發出聲音。

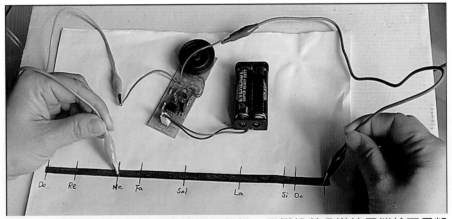

圖2-3　將綠色導線尾端固定接觸石墨粉，只變換黃色導線尾端於石墨粉
　　　　粗線上的接觸位置，如此即可按音階標示演奏單音歌曲。

電子樂器的基本元件：

　　這樣的科學玩具套件，很適合帶領孩子們探索電子樂器的基本電路。試著在電路板上找找看，有哪些電子零件（圖2-4）？它們各有什麼功能呢？

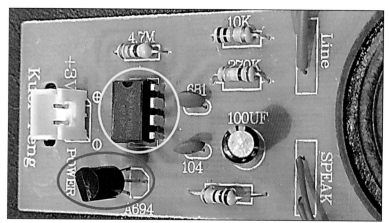

圖2-4　電子樂器的積體電路（加黃色圈）、電晶體（加紅色圈）。

簡易電子樂器的電路架構：

　　紙上彈琴電子樂器的電路板上有積體電路（Integrated Circuit, IC）、電晶體、電阻、電容、喇叭、電源插座等構件。這些構件是如何各盡其用，組成電子樂器的電路呢？

　　通電線圈以電流訊號驅動喇叭錐狀振膜的振動，發出有旋律的音樂，其旋律構成來自振幅、頻率、音色的變化（圖2-5）。

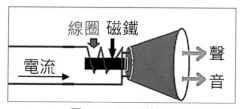

圖2-5　電磁喇叭

　　積體電路和電晶體可使輸入的直流電變成交流振盪電路，再由電晶體打通到電磁喇叭的電路，並且放大電流使喇叭送出聲音。電晶體有當作開關與讓電流量放大的雙重效應。

　　4B鉛筆在紙上畫出的石墨粉可通電代替導線，其長度其與電阻值的大小成正比，所以用一長條的石墨粉測試之後定出音階，可以發出不同高低的聲音。

　　電子在電路中由電源負極移動到正極，持續驅動發音元件振動發出聲音。這可算是一種最簡單的電子樂器，可作為電子樂器電路架構的範例（圖2-6）。

　　不過多數人還需要透過一些簡單的實驗，去探索上述的「簡易電子樂器電路架構」，它究竟傳達了些什麼訊息？

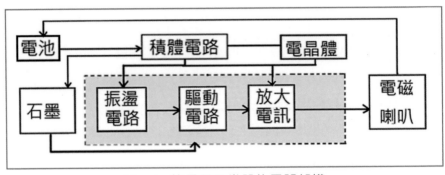

圖2-6　簡易電子樂器的電路架構

　　1919年由俄國發明家特雷明（Theremin）製作出世界最早的電子樂器，它的原理為其天線四周圍繞著微弱電磁場，而人體帶有著負電，當靠近或遠離時，手與天線間的靜電容量即會發生變化，這變化便影響其中之振動迴路產生音域高低及音量變化。

第三節　電子樂器的電磁喇叭和麥克風

玩具手機音樂盒：

如何用簡單的實驗去探索上述的「電子樂器電路架構」呢？看過玩具手機嗎？是否可以將它當作一個音樂盒通過電線，傳送給一個拆解下來的電腦喇叭單體，播出音樂？

這裡有一個改造過的玩具手機，按壓玩具手機的按鈕，就會播放音樂。玩具手機背面改成一個圓形多孔的透明窗，裡面有小粒的保麗龍球，一壓按鈕開關，小球就在裡面隨著音樂跳動，表示這裡面的構造在快速振動。（圖3-1）。

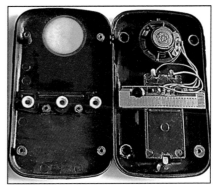

圖3-1　左：改造的玩具手機正面外觀。

　　　　中：背面聲音播放孔外觀透明；孔內另外加了保麗龍小球。

　　　　右：蓋子合上由三個白色按鈕外側，可觸控電路板開啟通路；電路板上兩條電線接電池、兩條電線接上方的喇叭。

打開玩具手機看到裡面有一個很像電腦喇叭的構造，還有開關、電路板和電線。

將玩具手機的「迷你喇叭」取出放大觀察，它有磁鐵、線圈和淺錐型

的振動膜，和電腦喇叭的結構相似，是個電磁小喇叭。另接兩條電線將小喇叭移到手機外，按下開關鈕仍可播送音樂（圖3-2-1）。

　　通電播出音樂時，在「迷你電喇叭」上放幾片細小的錫箔紙碎屑，看到錫箔紙上下跳動，觀察到喇叭振膜在振動（圖3-2-2）！

圖3-2-1　取出玩具手機的小喇叭，再由電路板上另接兩條附夾的電線。

 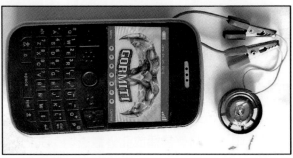

圖3-2-2　玩具手機的小喇叭有磁鐵、線圈和淺淺的錐型振動膜。移到手機外仍可播送音樂，並顯示它在振動。

　　拆解一個常見的電腦喇叭音箱，觀察喇叭單體的構造；並繪製它的剖面結構圖（圖3-3）。

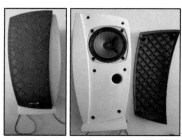

圖3-3-1　左二：電腦喇叭的外殼。　右二：喇叭單體的正、反面

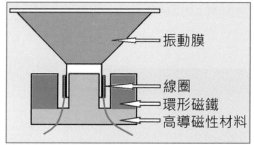

圖3-3-2　喇叭單體結構，其中高導磁性材料可提供磁鐵的磁場通路。

　　去掉迷你電磁喇叭的玩具手機，可以用來充當一個音樂盒，將它播出的電流訊號接到電腦喇叭上聽音樂，手持喇叭可明顯地感到喇叭在振動（圖3-4）。

圖3-4　將玩具手機充當音樂盒，電流訊號接到電腦喇叭上可聽音樂。

能將電流訊號轉變為聲音播放的電磁喇叭

　　線圈通電後，和磁鐵之間產生不斷吸、斥的動作，線圈連著紙盆，帶動喇叭的紙盆振膜快速振動發出聲音。

　　電磁喇叭線圈通入的必須是交流電，線圈通電後產生不斷變化的磁場和磁極，才能和磁鐵不斷地互相吸、斥，引起喇叭的振膜振動發音。

　　要想證明「音樂盒輸入喇叭的電流訊號是否是交流電」？可以依據之前的學習經驗，用兩個長短腳互接的LED燈來測試：

　　打開音樂盒的開關，實驗結果兩個LED燈同時發亮，證實輸入喇叭的電流訊號，的確是交流電（圖3-5）。

圖3-5　兩個長短腳互接的LED都點亮，證實音樂盒輸出的是交流電。

　　喇叭振膜的錐狀造型像擴音大聲公那樣，錐狀構造使聲音集中而不散開，可以放大音量。此外音樂盒輸入的音樂，有振幅、頻率、音色的變化，這樣的電流訊號，也使得喇叭錐狀振膜的振動，產生對應的變化並發出聲音，我們才能聽到有旋律的音樂。

　　電腦喇叭的構造主要由磁鐵、線圈、振膜組成。能量的轉換過程是：由電能轉換為磁能，再由磁能轉換為機械能、最後才從機械能轉換為聽得見的音波，並且它是「用交流電的電磁喇叭」。

電池由積體電路輸出了交流電訊

　　玩具手機裝入電池，是直流電，爲什麼它輸出的卻是交流電（圖 3-6）？

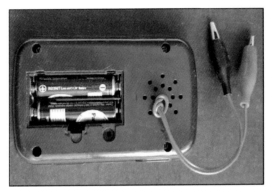

圖3-6　玩具手機使用乾電池為電源

　　重新查看玩具手機的內部電路，由電池供應的直流電，先進入IC電路板，再連接其中的迷你喇叭（圖3-7）。

圖3-7　左及中：分別以電腦喇叭及DIY紙喇叭，取代原本玩具手機中的
　　　　　迷你喇叭，結果都能推動喇叭振動，發出清晰的音樂。
　　　　右：玩具手機電池正負極分別由紅、綠兩色電線接入電路板；再
　　　　　由兩條黃色電線導出連到上方迷你喇叭。
　　　　電路板上黑色圓形物是封裝的積體電路

我們所使用的玩具手機，裝上兩個電池之後，電池所供應的是直流電，並沒有辦法直接轉換成交流電來驅動電腦喇叭，而是先由電池供應直流電，驅動電路板上的積體電路（IC, Integrated Circuit）去執行設定好的自動控制程序，發出一連串密集的交流振盪訊號，藉由電磁喇叭的線圈和磁場不斷吸斥，帶動喇叭振膜振動發出音樂。

註：

積體電路是由互相連接在一起的元件組成的小型電子晶片，其中元件包括電阻、電晶體和電容等。積體電路以矽等單一半導體材料為基礎，可容納數百至數十億個元件，這些元件共同合作。

麥克風與電磁喇叭：

我們用麥克風在說話時，時常同時看到旁邊就有擴音設備（圖3-8）。麥克風的工作原理是以人聲推動空氣，使話筒頭裡的振膜振動，連接在振膜上的線圈隨之快速往返運動，切割磁鐵的磁力線，線圈因而產生交變感應電流，此微弱的電流信號必須先經過功率放大器，才足以推動喇叭，將電流訊號轉為聲音播放出去。

圖3-8　室內壁掛木箱電磁喇叭擴音器，伴隨麥克風工作。

有趣的聯想：

　　看到這裡，就想到小時候做過的一個科學玩具：也就是用兩個紙杯連接一條拉直的棉線，兩端的紙杯既可以當作發聲的麥克風，又可以當作聽筒，這和「電磁喇叭和電磁麥克風」似乎有著異曲同工之妙。其中的差異又是什麼呢？

　　我們做過DIY的電磁紙喇叭，也可以再做一個DIY的電磁紙麥克風嗎？像剛才說的那種科學玩具那樣：兩端的紙杯既可以當作發聲的麥克風，又可以當作聽筒？

　　理論上電磁紙喇叭和電磁紙麥克風的結構相似，麥克風收音變成的交流電訊，就可以送到電磁擴音器播音。但是實驗的結果是：做不出來！

　　麥克風因人聲振動而產生的交變感應電流十分微弱，必須先經過功率放大器，才足以推動喇叭發聲播音（圖3-9）。

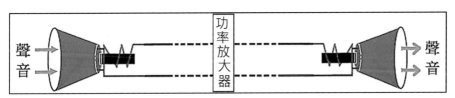

　　圖3-9　麥克風收音變成的交流電訊，送到電磁擴音器播音。

說明：

圖左半：表示動圈式麥克風（包含線圈、振膜、永久磁鐵）收音後，根據
　　　　法拉第定理以及冷次定律，線圈會產生感應電流送出。

圖右半：表示麥克風收音變成的交流電訊，送到電磁擴音器（包含線圈、
　　　　振膜、永久磁鐵）轉為振動、播音。

圖中央：要有功率放大器（電晶體），才能看到工作效果。

擴音設備的三主角：

　　麥克風 將振膜收到的聲音轉為微弱的電流訊號，輸入至擴大機（電晶體）放大後，再輸出到揚聲器 ，快速推動紙盆發出更大的聲音，為了清楚演示，將單體從喇叭箱裡拆出拍照（圖3-10、3-11）。

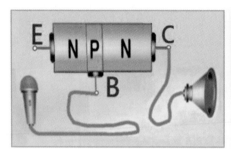

圖3-10　左：用電晶體當作功率放大器的示意圖
　　　　右：教室裡的擴音設備：麥克風、擴大機和揚聲器（喇叭）。

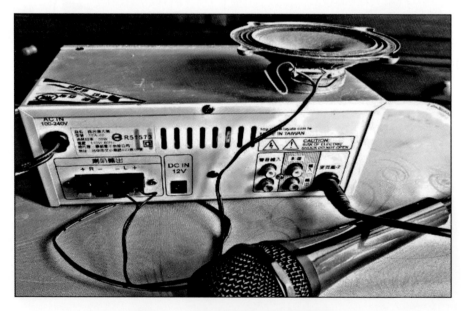

圖3-11　將器材依圖示正確連接

　　將電源線接上插座（AC 100～240V），擴大機開關ON，將音量轉小，關閉無線電訊號。準備工作完畢，手持麥克風避免正對喇叭，即可開啟麥克風試音說話。此時我們聽到說話的聲音被放大，仔細觀察也能看到喇叭紙盆的振動。

　　拆開擴大機外殼，果眞見到裡面有電晶體和各式各樣的電子零件（圖3-12），電晶體完成了「麥克風收音和擴音器播音」之間，交流電訊功率放大的任務。

圖3-12　筆尖指出三顆電晶體，放大特寫可見電晶體的編號。

　　有了這樣的三合一擴音設備，只要持續改善音質，再加上預先錄好的伴奏音樂，就成了後來日本人研發出的「卡拉OK」（原意是沒有實體的樂團）。其後一代一代不斷演進，進化爲各種「KTV」、「K歌房」，滿足了所有人都能歡唱並且同樂的需求。這項生活科技，從此改變了全世界的影音娛樂，對流行文化影響極爲深遠。

　　這些都是根據奧斯特的電生磁原理、法拉第定理加上冷次定律的感應電流等理論，所研發出來的重要科技應用，後續再加上電晶體（半導體電子流的新產品）推動了電子音樂、電視以至於網路等發明，從此改變了人類生活的科技文明。

反思動手動腦探索電子音樂的價值：

　　由「4B鉛筆配合電路板演奏單音歌曲」開始，探索電子樂器的電磁喇叭和麥克風。經過來來回回的思考，謹慎地將各方面問題的推想、動手驗證之後，大家一起討論、達成共識，學到了電子音樂的實踐知識。並將研究的內容作有條理的科學性陳述。

簡易電子樂器的電路架構：

· 電子在電路中由電源負極移動到正極，持續驅動發音元件振動發出聲音。

· 由電池供應直流電，驅動電路板上的積體電路（包括電晶體）去執行設定好的自動控制程序，發出一連串密集的交流振盪訊號，藉由電磁喇叭的線圈和磁場 不斷吸斥，帶動喇叭振膜振動發出振幅、頻率、音色變化的電子音樂。

· 麥克風的工作原理是以人聲推動空氣，使話筒頭裡的振膜振動，連接在振膜上的線圈隨之快速往返運動，切割磁鐵的磁力線，線圈因而產生交變感應電流，此微弱的電流信號必須先經過功率放大器（電晶體）才足以推動喇叭發聲播放出去（圖3-13）。

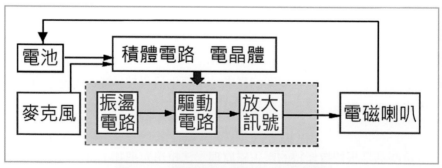

圖3-13　簡易電子樂器的電路架構

第十二章

紅外線感應偵測器

紅外線感應偵測器（Infrared Sensor）常用在住家門口、電梯口、公廁、停車場、商店試衣間等出入口處。只要有人經過，它就感應亮燈，其中的科學原理是什麼？

第一節　屋內玄關天花板上的感應器

PIR感測器

晚上回家我一進門，嵌貼在天花板上的紅外線感測器，就會使它旁邊的LED燈自動亮起，人離開玄關後燈就自動熄滅（圖1-1）。

從回收場撿到這種感應器的報廢品（每個還裝在它原來的包裝套之中），查詢資料它的正式名稱是：被動式紅外線感測器（Passive Infra-Red sensor, 簡稱PIR感應器），又稱熱電紅外線傳感器（Pyro-electric

圖1-1　天花板上的人體紅外線感應器和其組件LED燈

Infrared Detector, 簡稱PIR自動照明感應燈），將它研究一番，並拆解觀察細部構造（圖1-2）。

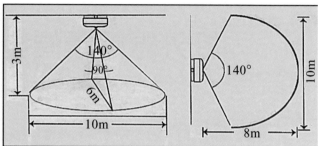

圖1-2-1　PIR感應器外包裝，及其反面感應範圍的說明

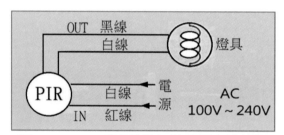

圖1-2-2　PIR感應器外包裝反面之接線圖

　　PIR外觀上可以看到一個塑料製成的半球體菲涅爾透鏡（Fresnel lens）（圖1-3），有聚焦的作用，可提高探測的靈敏度以及增大探測距離（10～20公尺範圍）。

圖1-3　人體紅外線感測器，以及它的菲涅爾透鏡。

　　PIR外觀上還可以看到三個功能選擇箭頭（圖1-4）：

1. 箭頭往太陽符號調整時，全天候皆能感應亮燈，往月亮符號調整時，晚上才能感應亮燈。

2. 箭頭往6（有些為15）調整時，延遲時間約6（或15）秒鐘，往600調整時，延遲時間約10分鐘才會熄燈。

3. 箭頭往左調整時感應距離短；往右調整時感應距離長。

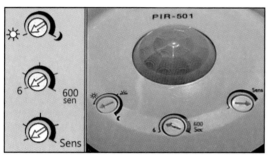

圖1-4　功能選擇箭頭，右圖為對應的內部箭頭。

PIR感應器的構造和功能：

　　它有些什麼構造？各有什麼功能？可以上網查詢，再和實物對照：

　　移除半球體透鏡後，可看到PIR裡面主要用來感測微量訊號的熱電感應器（Pyroelectricity Sensor）、光敏電阻、橋式整流器、繼電器等（圖1-5）。

圖1-5　左：透鏡裏面的構造元件，左上黑色立方體為繼電器（RY-relay）。
　　　　中：放大了其中的主角——熱電感應器，和其下方緊鄰的光敏電阻。
　　　　右：放大了其中的四個二極體（構成橋式整流器）、振盪計時器。

熱電感應器（上網查詢並整理資料）：

· 熱電感應器主要有外殼、濾光片、熱釋電元件（PZT、吸收紅外線）、
場效應電晶體FET（推動器）等組成。

· 濾光片用以阻絕大部分的紅外線，只讓接近人體溫度約攝氏36.5 度的
紅外線波長通過，所以專門用來偵測人體的移動。

· 熱釋電感測器之中的壓電陶瓷晶體PZT，受到紅外輻射而溫度升高時，
在晶體兩端會產生數量相等而符號相反的電荷，表面電荷將減少，相當
於釋放了一部分電荷，故名之為熱釋電感應器（圖1-6）。

· 釋放的電荷經電晶體FET放大，可轉換為電壓輸出到負載（例如燈泡、
LED燈、報警主機等），這就是熱釋電感測器的工作原理。

· 當紅外輻射繼續作用於熱釋電元件，使其表面電荷達到平衡時，便不再
釋放電荷，因此，熱釋電感測器不能探測恆定的紅外輻射。所以人到燈
就亮、人離燈就熄，但人若是在偵測範圍內保持不動，燈也就自動停熄
了。

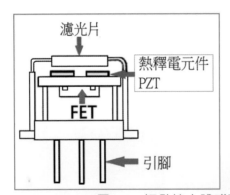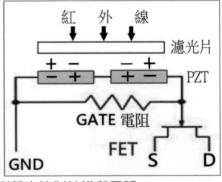

圖1-6　紅外線人體感測器之控制結構與電路

· 場效應電晶體（FET）的三個極，分別是源極（Source）、閘極
（Gate）和汲極（Drain）。在閘極與源極之間施加電壓能夠改變源極

與汲極之間的阻抗，從而控制源極和汲極之間的電流。其中Drain為輸出端，Source為電壓輸入端，最大可至15V，Ground接電源負極。

· 熱釋電元件PZT，將波長在8～12mm之間紅外信號的微弱變化轉變為電訊信號，這個信號經過探測器晶片等電路的分析處理，最後去推動繼電器工作，繼電器再通過導線輸出至負載，從而實現負載預設的功能。

· 若是在熱釋電紅外線感測器內裝入兩個高熱電係數材料的探測元件，並將兩個元件以反極性串聯，不單可以抑制由自身溫度升高而產生的干擾；在接收到人體紅外輻射變化時，還會對相反方向的移動產生不同的電位變化型態，來判斷人體移動的方向，例如進入或是離開。

· 整個紅外線感測器尚包含計時振盪器、繼電器、開關二極管、以及多組電容、電阻、電感。

繼電器：利用電磁感應原理控制某一迴路的接通或斷開，用小電流控制大電流，從而減小控制開關觸點的電流負荷，保護開關觸點不被燒蝕。

光敏電阻（CdS）：是一種光電半導體元件，與電晶體作為對光量變化產生開關作用的電路應用。

橋式整流器：將電壓藉由二極體整流成較和緩的直流漣波電壓，不需額外電路電源，即可利用電晶體輸出成開關訊號。

紅外線人體感測器的實物演示

這是一組小型可攜帶的插座式紅外線人體感測器，它可以演示：人到燈就亮、人離燈就熄，但人若是在偵測範圍內保持不動，燈也就自動停熄了（圖1-7）。

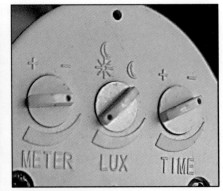

圖1-7-1　紅外線人體感測器

圖1-7-2　演示實驗：感應到手的體溫亮燈；手不動燈光則自動熄滅

第二節　紅外線電風扇與光電半導體

　　上段內容略涉專業，對初學者易造成障礙，因此必須回歸極簡重新出發：這一件「無線開關電風扇」科學玩具，使用外型很像LED燈珠的簡易型「紅外線感測元件」，包含紅外線發射器（IR LED）和紅外線接收器（Photodiode）兩種二極體（圖2-1）：

・紅外線發射器：波長890nm、電壓1.4V、輻射100mA、視角20°。
・紅外線接收器：波長940nm、電壓1.2～1.4V、輻射100mA。

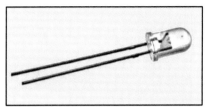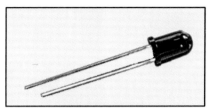

圖2-1　左：紅外線發射器　右：紅外線接收器

仔細觀察紅外線發射器：

　　將這件科學玩具的紅外線發射器接上電源（一顆1.5V電池）：長腳接正極、短腳接負極。此時電路已通，它能由頂端向外發出紅外線，肉眼無法見到，但用手機拍照觀察，可以見到紅色的亮光（圖2-2）。

圖2-2　紅外線發射器通電後，由手機可觀察記錄其頂端發射之紅外光。

組裝並檢視紅外線電風扇的結構：

　　這件科學玩具有電源、電晶體、紅外線接收器和馬達，它們之間的電路接法如圖2-3。再將通電的紅外線發射器當成遙控器，只要靠近並正對著紅外線接收器，電風扇就開始轉動（圖2-4）。

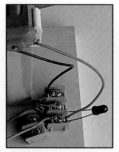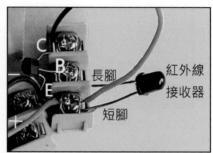

圖2-3　在電源、電晶體、紅外線接收器、和馬達之間的電路接法。

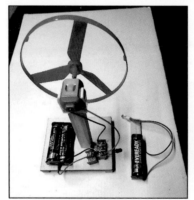

圖2-4　「紅外線電風扇」：

　　　　紅外線發射器對著紅外線接收器，電風扇就開始轉動。

　　將風扇裝置拿到陽光下，電風扇也就開始轉動，表示它的紅外線接收器接收到陽光中的紅外線，也能導通這個裝置的電路。

　　這是一種「對射式光電開關」，發射器和接收器在結構上相互分離，且光軸相對放置，發射器發出的紅外光直接進入接收器。

分析紅外線電風扇的電路：

　　當紅外線發射器對著紅外線接收器，電風扇開始轉動時，由電子流的路徑來檢視：

· 電池負極→電晶體的發射極E（n）→電晶體的基極B（p）→紅外線接
收器的長腳（p）→短腳（n）→電池正極，這一條反向偏壓的電路竟然
可以導通。

· 隨之即可驅動另一條反向偏壓電路的E-C接面，使馬達風扇開始轉動：
電池負極→電晶體的發射極E（n）→電晶體的集電極C（n）→馬達→
電池正極。

依據觀察，畫出「紅外線電風扇」的電路圖（圖2-5）：

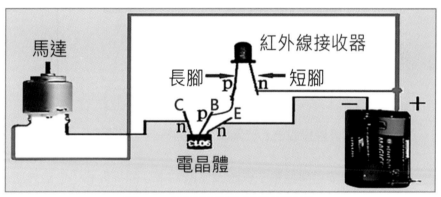

圖2-5　紅外線電風扇的電路圖

光電二極體的光電流（Photocurrent）：

　　上述那條經過紅外線接收器的反向偏壓電路，為什麼可以導通？上網
查詢結果竟然是用到了光電二極體的「光電流」：

　　紅外線接收器這種光電二極體，是能夠將紅外光根據使用方式，轉換
成電流或者電壓信號的光探測器。常見的傳統太陽能電池就是通過大面積
的光電二極體來產生電能。

　　紅外線光電二極體，在其p-n接面的空乏層如果吸收到紅外線光子，
會使晶體結構中的原子發生電離作用，而產生電子電洞對，則該區域的

內電場將會消除其間的屏障，使得電洞能夠向著p型半導體的方向運動，電子向著n型半導體的方向運動，將電路轉換成反向的電流，稱為「光電流」。其流向和p-n接面二極體在順向偏壓時的電流相反，對p-n接面二極體來說，是反向偏壓（圖2-6）。

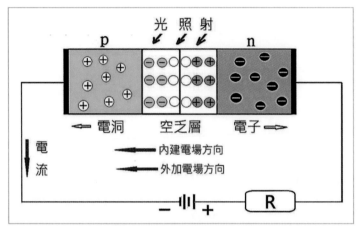

圖2-6　「紅外線接收器」光電二極體的特殊電路產物──光電流

　　當此二極體受逆向偏壓工作時，僅p與n區中的少數載子穿越界面產生逆向飽和電流，即所謂的暗電流，其值僅數微安而已，看起來像是已充電的電容。暗流與光電流同向。

　　紅外線接收器這種光電二極體，因光的照射產生光電流，將光的信號轉換成了電的信號。因此可以被用於各種對光的檢測器之中，例如照相機的測光器、路燈亮度自動調節器等。消費性電子產品例如CD播放器、煙霧探測器以及控制電視機、空調的紅外線遙控器等設備中，紅外線光電二極體也是重要的必須元件。

　　當我們認識了光電流之後，應重新檢視「紅外線電風扇」的電路圖，畢竟這又是一個新的課題。

紅外線發光二極體的結構、原理與普通發光二極體相近，只是使用的半導體材料不同。紅外發光二極體通常使用砷化鎵（GaAs）、砷鋁化鎵（GaAlAs）等材料，採用全透明或淺藍色、黑色的樹脂封裝。

第三節　健康的守護者　自動酒精噴霧器

隨著疫情節節升溫，各種防疫用品供不應求，其中自動感應酒精噴霧消毒器在公共場所中到處可見，只要將手伸過去就有酒精噴出，是一種乾洗手的方式。

思考它的主要工作原理，也是一種紅外線感應器嗎（圖3-1）？

 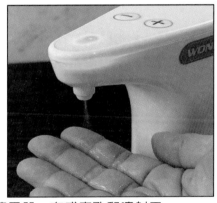

圖3-1　自動感應酒精噴霧器：有感應孔和噴射口。

拆開自動感應酒精噴霧器、探索、思考與分析：

自動感應酒精噴霧器下半截是裝酒精的容器，上半截才是電子和機械零件，動手拆開外殼一探究竟。

其中電池盒伸出的正負極接線連到一片電路板（1），再由此接出導線到另一電路板（2），又繼續接導線連到抽水小馬達（圖3-2-1）。

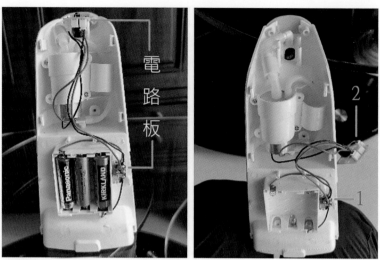

圖3-2-1　拆開自動感應酒精噴霧器外殼，見到的電路結構。

　　放大檢視這片電路板，它有一個黑色的遮光套，其上有兩個小孔，取下此遮光套，裡面有兩顆外型很像LED燈珠的「簡易型紅外線感測元件」包含：一個無色透明的紅外線發射器，和一個黑色的紅外線接收器（圖3-2-2）。

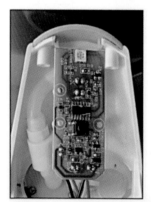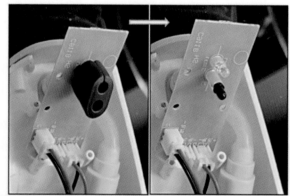

圖3-2-2　自動感應酒精噴霧器電路板上的「簡易型紅外線感測元件」

　　裝回黑色遮光套，再放回電路板原來安裝的位置，只見那兩個紅外

線感測元件正好對準酒精噴霧器對外的感應孔（圖3-2-3）

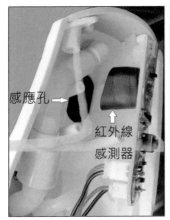

圖3-2-3　遮光套包覆的紅外線感測器，對準酒精噴霧器對外的感應孔。

比較酒精噴霧器和紅外線電風扇的結構：

　　在網路上見到有人利用簡單的器材，製作這樣的酒精噴霧器（圖3-3-1），檢視他們作品所用的器材零件，和我們自製的紅外線電風扇似乎很相似（圖3-3-2）？此兩者有哪些相同？又有哪些相異？

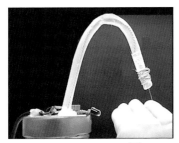

圖3-3-1　各種DIY的酒精噴霧器

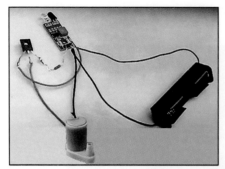

圖3-3-2　　器材零件的比較

左：酒精噴霧器　　右：紅外線電風扇（藍圈內電晶體特寫）

兩種設備結構元件的相同點：

· 都有紅外線發射器和接受器、馬達、電線和電池，以及用來當作開關和放大訊號的電晶體。

兩種設計紅外線發射器和接受器的相對位置不同：

· 在紅外線電風扇之中二者是以頂端相對的情況放置（圖3-4-1）；
· 而自動酒精噴霧器之中二者是左右平行並排的（圖3-4-2）。

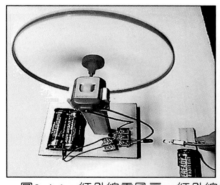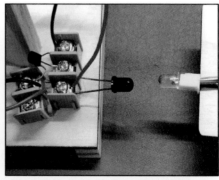

圖3-4-1　紅外線電風扇：紅外線發射器和接收器二者以頂端相對。

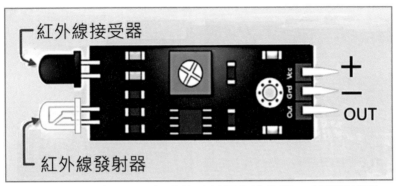

圖3-4-2　　酒精噴霧器：紅外線發射器和接收器二者平行並列。

推測：

　　酒精噴霧器必須要近距離感應到前方的物體，才會將酒精噴灑出來。將紅外線發射器與接收器左右並排使方向一致向外，當紅外線發射器發射的紅外線被物體阻擋反射回來時，紅外線接收器這種光電二極體就能接收紅外線，並將電路轉換成反向的電流，完成機組電路的工作。

　　我們可以用手邊的紅外線風車，做一個小實驗來驗證推論是否正確。

設計驗證：

　　於是我們將電扇的紅外線發射器不再正對著接受器，而是仿效酒精噴霧器改為二者平行並列，這個裝置準備好了之後，再用不同的物體來遮擋紅外線發射器發出的光波，結果發現了不同的屏障物有效反射距離不同，為方便觀察與記錄，在紅外線裝置的前方放置了一隻小的直尺。

　　將一塊正面淺色的陶瓷杯墊放在裝置的前方，結果可以在距離7公分的地方就引起了風扇轉動，表示紅外線發射器發出的紅外光被杯墊反射了回來，使紅外線接收器做出反應，電路接通了就能使風扇轉動（圖3-5）。

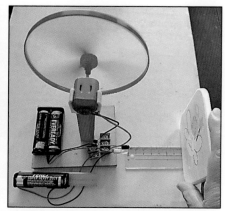

圖3-5　淺色物距裝置7公分，反射紅外線進入接收器，風扇開始轉動。

　　翻轉杯墊以其黑色面放在紅外線裝置的前方，發現再怎麼靠近也不會使電風扇轉動，表示紅外線發射器送出來的光波，幾乎都被黑色物體吸收了，沒有辦法反射紅外光給接受器以接通電路（圖3-6-左）。

　　進一步再用手掌當做屏障物，當逐漸靠近紅外線發射器，至前方約兩公分的位置，風扇開始轉動了，表示到如此近距離時被手掌反射回去的紅外線，才足夠啓動接收器使電路接通，風扇馬達開始轉動（圖3-6-右）。

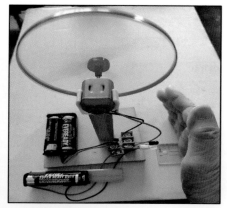

圖3-6　左：黑色物體不能反射紅外線，電風扇毫無反應。
　　　　右：手掌距裝置2公分時，紅外線被反射到接收器使風扇轉動。

解釋：

如此就能夠清楚地解釋，酒精自動噴霧器的構造和工作原理了：

手一伸過去，紅外線發射器發出的光波就被阻擋而反射回去，接通了紅外線接收器的工作電路，啓動沉水馬達將容器中的酒精推送出來（或是啓動玩具馬達帶動齒輪組，將壓嘴瓶中的酒精壓送出來）。

再比較酒精噴霧器和紅外線電風扇的電路：

· 紅外線電風扇的電路：

紅外線接收器須接受頂面射入的紅外線光；需靠npn電晶體（9013）當開關並放大電流訊號，推動馬達工作（圖3-7）。

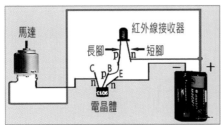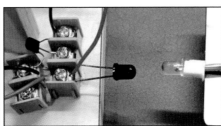

圖3-7　紅外線電風扇的電路與裝置

· 酒精噴霧器的電路：

紅外線接收器接受紅外線發射器反射回來的紅外線光；需靠PNP電晶體當開關並放大電流訊號，推動馬達工作（圖3-8）。

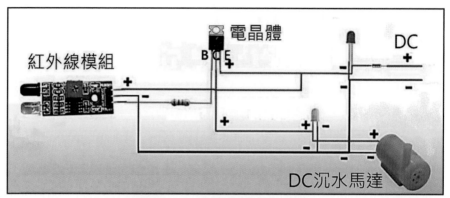

圖3-8-1　　酒精噴霧器的電路

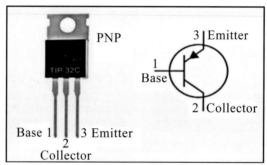

圖3-8-2　　酒精噴霧器的TIP 32C PNP 電晶體

　　這是一種反射式光電開關，它是由一個紅外線發射器跟一個紅外線接收器組合而成，利用物體反射紅外線光束，接通同步迴路工作。

生活中常見的紅外線感測器：

　　本身會發射紅外線光束，當紅外線光束被物體擋住後，紅外線光束就會反射，接收器感應到反射回來的紅外線才做出動作。例如：酒精噴霧器、廁所的自動沖水小便斗、感應式水龍頭、醫用洗手器、自動給皂器等，都是生活中常見的紅外線感測器之應用實例。再補充說明其中的遙控系統和自動門：

遙控系統的紅外線感測器：

　　一般電視機遙控器（remote control）由發射器、接收器和中央處理器（CPU）三部分組成，其中接收器和CPU部分都在電視機上。

　　當按下遙控器上的某一按鍵時，使得電路中相對應的特定電路連通，晶片會發出設定好的編碼序列信號，該信號經過放大處理後啓動紅外發光二極體，被轉換爲紅外線信號向外輻射並且直線傳播。

　　電視機的紅外線接收器收到該信號後，先進行解碼以還原控制信號，再將該信號交由中央處理器執行後續操作，完成了對電視機的遙控功能。現在紅外線遙控在家用電器、室內近距離遙控中都有廣泛的應用。

　　紅外線遙控這麼一個看似不起眼的小發明，卻徹底改變了現代人的日常生活，上個世紀70年代以前，所有的電器用品都是手動控制（含線控），例如說當時的電視機隨著經濟發達而日見普及，但是包含開、關機等一切操作功能都得手控，收看電視節目必須頻繁地往返於座位到螢光幕前，這一份忙碌讓收視的享受度大打折扣。

　　在紅外線遙控器發明之前曾經有以超音波爲媒介的遙控器，有了遙控器一器在手其樂無窮，無論是開關機、選臺、音量調整……都能隨心所欲，其後逐漸應用到冷氣機、音響系統等等，人人都彷彿練成了彈指神功，要讓紅外線爲人類所用，這其中電晶體的角色也絕對功不可沒。

紅外線自動門分兩種：

　　人體會發出特定波長（10 μm左右）的紅外線，經紅外感應器入射窗的濾光片後，聚焦到感應器的熱電元件上，會因爲熱電效應釋放電荷，使電路中的電阻、電流、電壓等電學量發生變化，由此紅外感測器便把門前是否有人的資訊轉換成電路可識別的電學資訊了。

　　另一種紅外線自動門就是利用紅外反射原理，電路中有一個發射模組和一個接收模組，發射模組能發出一定頻率及一定功率的紅外光，當遇到障礙物時，反射回來，被接受模組收到，經過電路或晶片處理，執行相應

的功能感測。

　　在人進入大廳的過程中，自動感應門系統主要經歷了三個環節：首先檢測入口處是否有人；其次判斷檢測結果，發出相關指令；最後再執行指令開、關門。

紅外感應器實驗探究的反思：

　　由家門口「人到燈就亮、人離燈就熄」開始，拆解探索紅外線人體感測器，觀察到其中吸收紅外線的熱釋電元件、場效應電晶體FET、光敏電阻、橋式整流、LED等半導體元件，並且認識了它的工作原理。

　　接著我們由紅外線電風扇模型的組合與探索，認識了紅外線發射器和接收器的光電二極體學到光電流，順勢探究了疫情期間重要的防疫工具「自動酒精噴霧器」，針對信息的獲取、評估和溝通，設計了創新的實驗方法：開發和使用模型。

　　至此一系列的自動沖水小便斗、感應式水龍頭、自動給皂器、紅外線遙控器、紅外線自動門等，也都是生活中常見的紅外線感測器應用的實例。

　　而紅外線感應器之中的紅外線發射器和接收器是二極體，電路中還須靠電晶體來擔任開關並放大電流訊號的工作。

第十三章

光電煙霧偵測器

新式的近代建築，規定室內屋頂天花板上必須裝備煙霧偵測器，預報火災以策安全。

第一節　光電煙霧偵測器的內部構造

觀察光電煙霧偵測器（**Photoelectric smoke detector**）：

見過天花板上的光電煙霧偵測器嗎？為什麼稱它為光電煙霧偵測器？應該是有光有電，用光與電偵測空氣中所產生的燃燒生成物（煙霧），而向火警受信總機送出信號的探測器？

找個實物，打開外殼，觀察內部構造（圖1-1）：

圖1-1　光電煙霧偵測器的外型、內部半側面和最內部的正面

· 探測器內有LED發光二極體與光電接受器，光電接受器的前方和圓形室的內壁，有遮光壁的設計，最外有一圈孔徑0.5mm之不鏽鋼防蟲網（圖1-2）。

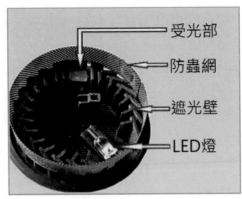

圖1-2　光電煙霧偵測器的內部構造

第二節　光電煙霧偵測器的光電耦合

探討光電煙霧偵測器的構造與功能：

　　光電煙霧偵測器各部分構造各有何功能？如何運作以完成煙霧偵測和預警？

　　查詢相關資訊，煙霧偵測器中的紅外線發光二極體（IR TX LED），約每隔3.5秒發光一次，平常由於遮光壁的阻隔，光源的發射光無法到達紅外線接收二極體或紅外線接收三極體（IR RX LED）（光電接受器）。

　　但是當煙霧進入遮光室內時，因為煙粒子會造成光的漫射現象，而使光可以照到光電接受器，當煙的濃度到達規定的基準值，並經確認接受連續三次的信號後，探測器即開始動作並向火警受信總機送出信號，同時「確認燈」會亮起（圖2-1-1）。

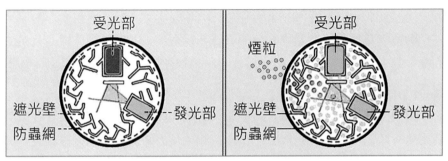

圖2-1-1　光電煙霧偵測器運作功能之示意圖：
煙粒進入，發光部的光藉由煙粒的漫射照入受光部。

光電煙霧偵測器外側的LED警示「確認燈」亮起時，表示：有煙粒進入，發光部發出的光才能藉由煙粒的漫射，照入受光部。我們也可以藉由以下的實驗，再次驗證偵測器遮光壁的設計與功能。

在偵測器中放入一片錫箔紙加回頂蓋後接電，警示「確認燈」亮起，表示：發光部發出的光能藉由錫箔紙的反光照入了受光部（圖2-1-2）（此處實驗電源為24V DC，請參看圖2-6）。

圖2-1-2　用錫箔紙驗證遮光壁的設計與功能（電源24V DC）。

光電煙霧偵測器與紅外線光電組的測定：

　　觀察光電煙霧偵測器裡的LED燈珠，外型和一般LED燈珠相似，無法判斷它是紅外線發射二極體，它被牢牢地焊接住也取不下來。如何驗證呢？

　　將整組結構與底座分離，觀察電路板的反面，發現此LED燈珠焊接處有兩隻突起的引腳，其一標示了正極符號「＋」，於是想到可從此引腳接入電池進行實驗（圖2-2-1）。

圖2-2-1　光電煙霧偵測器裡的LED燈珠
　　　　　此燈珠焊接處反面有突起的引腳，可從引腳接入電池。

設計驗證與解釋：

　　由前面的章節延伸學習：從光電煙霧偵測器裡LED燈珠的兩隻引腳通入直流電源（1.5V），透過手機對著燈珠頂端拍照觀察，見到紅外線淡淡的紅色亮光，還拍攝到此光照在遮光室中呈現的紫紅光（圖2-2-2）。

圖2-2-2　左：煙霧偵測器裡的LED燈珠。

　　　　　右：通電時，用手機可拍到此LED放出的紅外線光。

　　證實煙霧偵測器裡的LED的確是「紅外線發射二極體」之後，推測應該可以用它驅動另一端的「紅外線接收二極體」！

　　於是找出前面第十二章用過的紅外線電風扇，再將通電的光電煙霧器代替遙控器，當它靠近並將其無色透明LED燈珠正對著電風扇黑色的「紅外線接收二極體」，電風扇就開始轉動（圖2-3）。再次證實了光電煙霧器中的發光二極體LED是「紅外線發射二極體」。

圖2-3　檢視：光電煙霧器中的LED燈珠是「紅外線發射二極體」

溫習光電流（**Photocurrent**）：

　　光電煙霧偵測器之中的光電接受器是紅外線光電二極體或紅外線光電三極體，能夠將光轉換成電流或者電壓訊號。

　　有充足能量的紅外線光子衝擊到光電二極體（或紅外線光電三極體）的空乏層，則該區域的內電場將會消除其間的屏障，使得電洞能夠向著p型半導體的方向運動，電子向著n型半導體的方向運動，於是光電流就產生了。

　　光電煙霧探測器之中，光電晶體和發光二極體組成一個工作組，這個模塊被稱為光電耦合元件（Photo coupler），電路圖如下：左邊是光源（LED），中間是阻隔介質，右邊是感測器（光電晶體）（圖2-4取自維基百科公有領域）

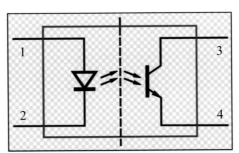

圖2-4　　LED與光電耦合元件的概要圖

探索偵測信號示意圖：

　　利用光電檢測原理，搭配偵煙專用IC設計，在固定週期內反覆進行投光，此脈衝調變光使其受光感測器產生電阻值的變化，將光的訊號轉換為電信的訊號，即可向警報系統傳送火災訊息。

　　偵測信號經過三次的連續確認之後才發出警報。可避免因塵埃、雜訊或外部電波干擾而引起之錯誤警報（圖2-5）。

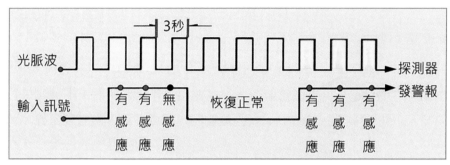

圖2-5　煙霧探測器偵測信號示意圖

　　在大廈中使用的煙霧探測器通常直接連接大廈的中央火災警報系統，支援其電力（包括後備電源）；在獨立住宅中常用的煙霧探測器則多為獨立運作，以乾電池作為供電方式，並在偵測到煙霧時自行發出聲響。

　　同時消防設備的電力是獨立系統，動作電流用的是24V DC，不是家裡的一般用電110V AC（圖2-6）。當然火警探測器不要安裝在爐灶煙霧熱氣多的地方，或是冷氣機旁，以免產生誤報。

火警探測器	光電式局限型	
	YH- 0711	第二種
動作電流：40mA ＠ 24V DC		
監視電流：30～80 μA DC24V		型式認可編號
環境溫度：0°～＋50°C		FD-A9829
產地：臺灣		
◎禁止裝置煙霧及水氣大量滯留處及冷暖氣進出口處		

圖2-6　消防設備的動作電流用的是：24V DC

第三節　一般住宅用光電式火災煙霧偵測器

裝電池的光電式火災煙霧偵測器

住宅用光電式火災煙霧偵測器的構造和工作原理同前，不需接線只要裝入一顆9V電池，偵測到火災的煙霧時，就會發出尖銳的警報聲（圖3-1）。

十分簡便、攜帶容易，也適合在課堂中當作演示道具，手拿點燃的線香靠近此煙霧偵測器，立即傳出警報聲響。

同時，也能看到這種光電煙霧偵測器外側的LED「確認燈」，平時約每隔3.5秒即發光一次，顯示已通電、並在正常運作中（圖3-1、3-2）。

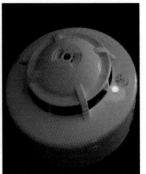

圖3-1　住宅用光電式火災煙霧偵測器，裝入電池即可工作。

住宅用火災警報器		光電式
NQ9S		二種
電　　源：內置電池 9Vdc		型式認可編號
動作電流：5mA@9Vdc		RD-A10010
電池形式：Maxell 6LF22 鹼性電池9V		
產　　地：臺灣		

圖3-2　住宅用光電式火災煙霧偵測器的資訊

　　光電二極體在消費電子產品，例如CD播放器、煙霧探測器以及控制電視機、空調的紅外線遙控設備中也有應用。對於許多應用產品來說，可以使用光電二極體或者其他光導材料。它們都可以被用於測量光，常常工作在照相機的測光器、路燈亮度自動調節等。

學習的反思：

　　天花板上的光電煙霧偵測器的裝置已經十分普遍，方便取得實物觀察內部結構；前一章節才學過「光電二極體，發光二極體和光電流」，所以很容易瞭解光電煙霧偵測器的工作原理。

　　在課堂中手拿點燃的線香靠近「住宅用光電式火災煙霧偵測器」，立即傳出警報聲響，大家都肯定這樣演示的震撼效果。

補充資料

1. 紅外線發射二極體（IR LED）

‧可將電能直接轉換成近紅外光輻射出去的發光元件，主要應用於各種光電開關、觸摸屏及遙控發射電路中。紅外發光二極體通常使用砷化鎵（GaAs）、砷鋁化鎵（GaAlAs）等材料。

‧紅外發射器產生紅外光，將信息和命令從一個設備傳輸到另一個設備。波長：940nm～850nm～870nm，適用於家用電器的遙控器、數位攝影、監控、對講機、防盜報警、數據傳輸、光電開關、近距離紅外控制應用系統等。

2. 光電三極體

‧它和普通三極體相似，但它的集電極電流不只是受基極電路和電流控制，同時也受光輻射的控制。當光電三體管受到光輻射時，產生光電流，由此產生的光電流由基極進入發射極，從而在集電極迴路中得到一個放大了相當於β倍的信號電流。比光電二極體具有更大的光電流放大作用、更高的靈敏度。

‧光電三極體廣泛應用在自動電控系統之中，例如光探測器、列印機、煙

霧探測器等。

3. 其他：

・紅外線的特點是不會干擾其他電器設備的工作。

・由於紅外發光二極管的發射功率很小紅外線接受二極體接受到的信號很
弱，所以接受端就要增加高增益放大電路。

第十四章

太陽能電池

　　從能量不滅、質能互換的角度出發，我們能夠如此思考：地球上大多數現有的能源來自於太陽。正如同億萬年前的植物，藉著光合作用長成原始森林，因地殼運動埋入地底，碳化之後成為煤礦；而巨量史前生物和藻類的屍體則變成了石油原料，工業革命之後人類將兩者提煉燃燒，轉換成能源推動各式各樣的發動機，創造了今日的科技文明。

　　然而一味追求物質發展，全球卻付出了生態破壞與能源耗竭的雙重代價，痛定思痛之後的亡羊補牢之計，唯有積極尋求「綠能」，一切穩定可靠且安全環保的能源都是各國競相研發的目標。

　　然而事情也不如我們想得如此簡單，轉換效率就是個大問題，連帶成本也是個更大的問題，但是由於綠能是如此的具有潛力，所以吸引了大量的研究人員加入研發，希望能帶給人類更加永續環保及更加便利的未來。

　　其中首選就是太陽能電池（Solar battery）發電，一種最原始、最接近大自然的能源，擁有幾乎取之不盡、用之不竭的優勢。太陽能板可直接將吸收的陽光轉化成人們所需的電力，想像一下，有朝一日技術成熟，只需依賴日照就可以滿足地球的電力所需，該是多麼美好的一件事情啊！

第一節　試用太陽能電池

　　當我們研究玩具小馬達的時候，有同學發問：可以用太陽能電池使馬
達轉動嗎？我們立即準備材料動手實驗。

‧接上市售的太陽能電池，等到晴天實際到陽光下進行測試。果然可以！

‧太陽能電池正負極接入馬達的位置互換，風扇反向運轉（圖1-1）。

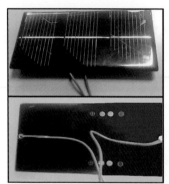

圖1-1　太陽能電池和玩具小馬達電風扇

‧再將測試過的太陽能電池，加裝到各自玩具四驅車頂上，帶到校園空
地預先準備好的賽道上，就可以盡情享受不需要一般電池的賽車樂趣了
（圖1-2）！

圖1-2　用太陽能電池驅動的玩具車

・拿另一批太陽能電池接上兩個長短腳互接的LED燈珠，在陽光下燈珠依
連接方向單顆亮燈，表示太陽能電池發出的是直流電（圖1-3）。

圖1-3　陽光下太陽能電池先使黃燈亮，並聯的LED反接、則紅燈亮。

・這是一個「太陽能芳香器」，將上面的太陽能電池拆下檢視，發現內
部有小風扇和芳香片（圖1-4-左）。用電線重新連接太陽能電池反面
的正負極（圖1-4-中）和馬達風扇，陽光下風扇立即轉動吹風（圖1-4-
右）。

圖1-4　靠陽光啟動風扇的「太陽能芳香器」

・各種太陽能電池的電壓不同，有的能使一顆LED燈珠發光，卻不足以使
馬達轉動。

第二節　太陽能電池的基本科學原理

用p-n接面二極體產生光電流：

　　太陽能電池的基本工作原理，就是在二極體p-n接面的空乏區（或稱空間電荷區域）內，產生內建電場，在吸收太陽光產生電子-電洞對時，能將電子和電洞分開，最後讓它們有足夠的能量跑到兩側導線、傳輸到負載，產生光電流，這就是太陽能電池（圖2-1）。

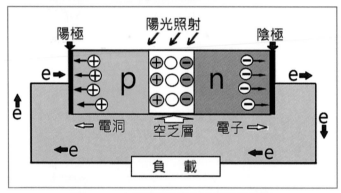

圖2-1　太陽能電池的電路示意圖

　　太陽能電池可分為矽太陽能電池、化合物太陽能電池（如GaAs、InGaP等）、以及有機太陽能電池等。

　　太陽能發電，理論上是一種可再生的環保發電方式，發電過程中不會產生二氧化碳等溫室氣體，因此似乎不會對環境造成污染；但太陽能電池板的生產過程會產生大量有毒廢水，需要另行委託專業機構妥善處置。此外使用後廢棄的太陽能板和太陽能電池若沒有妥善的回收機制，一樣會對環境造成可觀的污染。

　　由於太陽電池產生的是直流電，若需提供電力給某些家電用品或工業用電，則需加裝直／交流轉換器，才能使用。

第三節　太陽能電池與四季的日升日落

　　和多年同事傅老師討論過：關於小學「太陽與四季」的課程主題，除了課本上的內容之外，我們還可以教些什麼？討論的結果是：

　　聯結「太陽能電池」和「太陽與四季」兩個主題，做一個「太陽追蹤器模型」，讓太陽能電池可以一直正對太陽產生電能。

　　於是我們準備了一具自行研發的「太陽追蹤器模型」，在連續兩年暑期研習營中（2018、2019年），邀請種子教師們一起來探究這個「太陽追蹤器模型」，作為STEAM的應用課程之一，讓太陽能電池因應「空中太陽位置的變化」來工作（圖3-1）。

圖3-1　自行研發的「太陽追蹤器模型」（正面及側面）

太陽能板與日照關係的資訊：

　　日照能量越強，太陽能板（Solar panels）全功率運轉的數值越大，可以發電的量也就越多。

　　可以取法於大自然，若干動植物經由長期演化，竟然不約而同地形成了向陽的習性，其中最具代表性、最廣為人知的就是向日葵，在開花的前期，白天花朵有明顯的「追日」動作。「近水樓台先得月，向陽花木早逢春。」這是人人朗朗上口的詩句，足證古人對大自然現象有深入的觀察，

後人幸運地也從中得到科學研究的啓發。

　　太陽能電池最好能以垂直角度承接陽光，因此可以針對四季各日期、各時刻日升日落資料，建立不停調整方位和角度的追日系統。

如何設計一個「太陽追蹤器模型」：

　　四季日升日落的路徑都不同，生活在臺灣、有北回歸線通過，如何做個太陽追蹤器，使太陽能板可以隨時同步垂直承接陽光？

　　我們學過北半球日晷的晷針須指向北極、仰角須等於當地的緯度。四季空中的太陽每天看似都繞晷針運行（太陽的視運動）（圖3-2）。

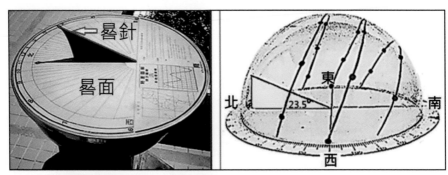

圖3-2　　四季每天空中的太陽看似都繞日晷的晷針運行
　　　　　（圖為北回歸線的日晷模型）

　　看來「要使太陽能板可以隨時同步垂直承接陽光」晷針就是其中的關鍵，晷針必須平行於地軸，指出南北極軸的方向！太陽在空中的位置每天東升西落；而四季又是南北移動的。怎麼設計才能使裝上去的太陽能板，可以既在東西方向又在南北方向轉動，精準追日？

　　在筆者設計的天空模型（曾經用在南一版的教科書中）上，先依觀日數據畫出北回歸線的四季日升日落路徑（夏至-綠色；春、秋分-紅色；冬至-藍色），觀測地設定在地平面的中心點上。

　　如圖3-3中各條白色直線可表示：觀測點正對太陽的方位都是南方，

四季代表日太陽中天時，仰角各不相同：

　　夏　　　至：太陽東偏北升，西偏北落，中天時在正頭頂。

　　春、秋分：太陽正東升正西落，中天時在南方仰角約67度。

　　冬　　　至：太陽東偏南升西偏南落，中天時在南方仰角約43度。

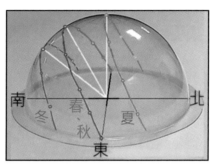

圖3-3　　模型顯示：北回歸線四季代表日太陽中天時的方位和仰角。

　　同法畫出四季代表日一天之中，觀測點正對太陽的方位和仰角一直在改變，並且四季不同（圖3-4）。

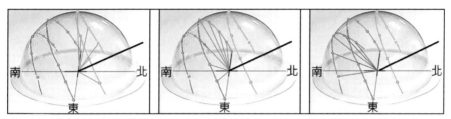

圖3-4　　北回歸線四季代表日各時刻正對太陽的方位和仰角都不相同。
　　　　左：夏至　　　　　　中：春、秋分　　　　　右：冬至

　　四季日升日落的天空模型加入極軸，如圖3-4之中黑色直線所示者，四季空中的太陽日升日落的路徑，繞此極軸規律地運行。太陽能板須設置在此極軸上，才能全方位正面追日！

第四節　深入探索「太陽追蹤器實體模型」

展示：手動式太陽追蹤器模型

　　當我們討論出一些大致的重點之後，畫圖設計、尋找材料、動手製作，終於可以推出這個手動式「太陽追蹤器模型」，大家可以仔細觀察、操作、分析它的設計與追日功能（圖4-1-1）：

圖4-1-1　　展示：手動式太陽追蹤器模型

討論：

‧這個模型如何能依據「季、月、日、時」去對準太陽，保持始終以最大面積正面對著陽光，吸收到最多的陽光能量，去轉換為電能？

‧這是怎麼設計出來的？它有些什麼構造？怎麼使用？

　　只要給予充分的探索時間，以利分組研究、交流，即可對此模型提出共識：

1. 模型的轉動（圖4-1-2）

‧可東西向轉動太陽能電池板，承接一天各時刻垂直照下的陽光。

‧南北向轉動太陽能電池板，承接四季太陽中天時垂直照下的陽光。

圖4-1-2　東、西或南、北向轉動太陽能板，時時刻刻都能正面迎向陽光。

2. 建立了一個極軸系統

· 設計了一個可以調整仰角的極軸

　　這是在臺灣各地可使用的太陽追蹤器，它設計了一個可以調整仰角的極軸：由地平線對著正北方，仰角等於當地的緯度（圖4-2-左）。

· 做了一個和極軸同心的極軸管：

　　此管可「東、西」轉動，也可以在其上方架設太陽能板（圖4-2-中）。

　　這個極軸管和地軸平行，因為地球繞地軸自轉，空中的太陽每天看似都繞極軸管運行。

· 做了一個圓弧型的極軸定位板：

　　極軸的北端做了一個圓弧型的鋁製極軸定位板，板上標示臺灣從南到北的緯度（北緯22～25°），可依使用地點，調整標示的仰角（圖4-2-右）。

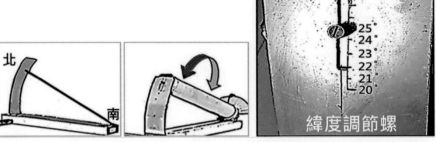

圖4-2　將極軸改為極軸管，極軸前定位板可依緯度調整極軸的仰角。

3.架設放置太陽能板的裝置

．在極軸管中心固定一個橫軸，它與極軸垂直，在此橫軸上架設可以南北轉動的平面，其上可放置太陽能板（圖4-3-左）。

．在太陽能電池上方，要垂直立起一隻細竿，陽光下立竿無影時，即表示太陽能板完全接受到垂直照下的陽光，發揮最大的工作效能（圖4-3-右）。

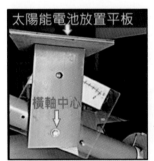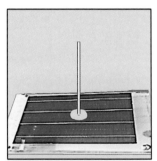

圖4-3　以「立竿無影」檢測太陽能板是否完全正對太陽。

4.製作了四季代表日「太陽中天時、南北方向的偏向角」（圖4-4-1）

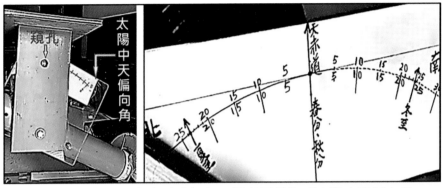

圖4-4-1　以橫軸為圓心之透明板上，標出四季的「太陽中天偏向角」。

· 在極軸管的橫軸內側，另立一塊固定在極軸管上的透明四方板，以橫軸為圓心，在此板上畫一個圓弧，標出四季代表日「太陽中天時南、北的偏向角」。
　有螺帽將此透明板鎖定在橫軸上。

· 透明板上標出四季代表日「太陽中天時南北方向的偏向角」，此偏向角設定春、秋分為0°；夏至向北23.5°；冬至向南23.5°。

· 並且依北回歸線的實況，將透明板上夏至日太陽中天的偏向角，和放置太陽能電池的平板互相垂直。表示北回歸線處，夏至正午，太陽在正頭頂。

· 南北轉動太陽能電池的平板，由極軸管側面固定板上的窺孔，核對當時「太陽中天偏向角」的標示，使之與當時的季節相吻合（圖4-4-2）。

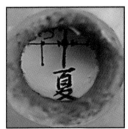

圖4-4-2　由窺孔核對各季「太陽中天時南北方向的偏向角」。

探索四季代表日「太陽中天時南北方向的偏向角」設計之依據：

四季代表日「太陽中天時南北方向的偏向角」是如何制定的？閱讀相關書籍討論之後，重繪天球儀上因地球繞日公轉，產生的四季「視太陽」位置圖（圖4-4-3）。

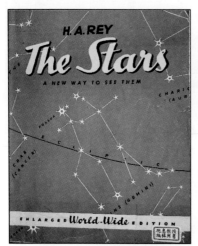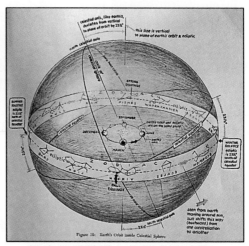

圖4-4-3　參考書籍The Stars：探索四季黃道上的視太陽位置

· 先畫出因地軸傾斜地球繞日公轉，以致四季太陽中天時，直射地球的位置不同（圖4-4-4）：

夏至中午：太陽直射北回歸線。

春、秋分中午：太陽直射赤道。

冬至中午：太陽直射南回歸線。

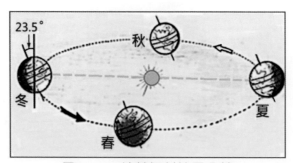

圖4-4-4　地軸傾斜繞日公轉

・再畫四季黃道上的「視太陽」位置（圖4-4-5）：

我們看不出天空中各星體和地球的距離有什麼不同，從地球上看起來，太陽似乎每天都在不同的背景星球上移動，把每一天「視太陽」的位置變化標示出來，連成了一條虛擬的軌跡，就是黃道。

・地球傾斜環繞太陽運行，地軸傾斜23.5°，天球軸線也就傾斜了23.5°。黃道與天球赤道因此也產生了23.5°的夾角。

・黃道與天球赤道有23.5°的夾角，相交點分別在春分點和秋分點上。夏至點由天球赤道向北偏23.5°；冬至點由天球赤道向南偏23.5°

・黃道上各季代表日「視太陽」的位置：

春分點：春分時「視太陽」在雙魚座上（赤緯——0°），

夏至點：夏至時「視太陽」在雙子座上（赤緯正23.5°）；

秋分點：秋分時「視太陽」在室女座上（赤緯——0°）；

冬至點：冬至時「視太陽」在人馬座上（赤緯負23.5°）。

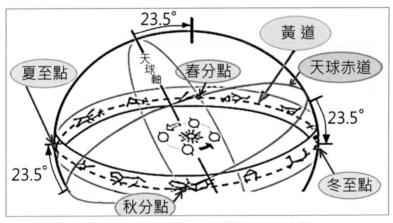

圖4-4-5　天球儀上四季視太陽的位置

・整理資料，重新繪圖，幫助我們想清楚了一些立體時空的概念，在這個追日模型上，為什麼「四季代表日太陽中天時南北方向的偏向角」要設

定：「春、秋分為0°；夏至向北23.5°；冬至向南23.5°」（見前圖4-4-
1）。原來追日裝置設計原理，是地軸傾斜繞日公轉產生太陽視運動路
徑的變化。

5. 加裝「水平儀」

· 整個裝置須保持水平，實測時才不會產生誤差。所以在地平板上，加裝
南北方向和東西方向的「水平儀」（圖4-5）。

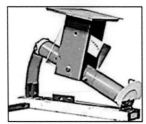

圖4-5　地平板上加裝南北方向和東西方向的「水平儀」。

6. 安裝了一天之中垂直承接陽光的時刻板

· 在極軸管近地端，有一直立的指針，可隨極軸管在「東、西」方向上
轉動，由指針配合時刻尺標，顯示當時太陽能電池垂直承接陽光的時刻
（圖4-6）。

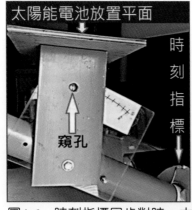

圖4-6　時刻指標同步對時：太陽能電池一天之中垂直承接陽光的時刻。

7. 到陽光下去測試

　　這個模型如何追日，要帶指北針到陽光下去測試！模型放置方位正確，才能讓模型上的太陽能電池正確地去追日。東、西或南、北向轉動太陽能電池板，時時刻刻都能正面迎向陽光。

一天各時刻陽光垂直照向太陽能電池板：

‧東西向轉動太陽能電池板，承接一天各時刻垂直照下的陽光。

四季各月日太陽中天時陽光垂直照向太陽能電池板：

‧南北向轉動太陽能電池板，承接四季太陽中天時垂直照下的陽光。

第五節　學習心得、願景與後續活動

一、「追日」模型設計的探索過程

　　原先不清楚怎麼才能做出一個各「月、日、時」都能使太陽能電池「追日」的模型，它是一個**時間與空間都在變化**的問題。

　　但是針對問題，先動腦構思基礎藍圖、動手製作、再發現細步問題、閱讀資料、繪圖整理、不斷改進，終於製作出這個「**太陽追蹤器模型**」。

　　我們的探究過程，落實了「生活科技與素養學習的實例」，系統思考與解決問題、創新應變與規畫執行。它集合了下列能力：創思能力、合作能力、批判能力、歸納能力、演繹能力、互相交流和協作等能力。

　　由此模型的探索學習，對原來課本上臺灣四季日升日落變化的透視圖，可以得到加廣加深的體認。

二、追日者小夸父一號還可繼續研發和改進

‧這個追日者小夸父一號，若是加上自動元件，編寫程式之後，輸入相關數據，再和電腦連線，可由AI自動或人工遠端操控。

・此模型簡化後做成學生可以DIY組合的模型，降低成本以利全面推廣，由具象地操作，認識太陽能電池追日的意義。

三、觀察分析其他追日太陽能電池的類似設計

網路截圖：達文西兒童頻道（圖5-1）

圖5-1　由全球衛星定位系統連線控制的智能花朵太陽能板

　　這是一個住家庭院中的太陽能電池，它由全球衛星定位系統連線控制運轉，持續將太陽能板正對太陽，以吸收最多的太陽能。到了晚上就會收摺太陽能板、暫時停止運作，直到次日清晨再重新展開迎接日出。

　　根據節目所述，此一設備可以將太陽能板整天保持正對太陽同步轉動，如此產生的電量比傳統固定式的太陽能板多出四成，這是很驚人的精進，它可以為一幢佔地2500平方英尺的豪宅，產生一整年內所需要的大部分電量。

高速公路關西服務區的向日葵太陽能板（圖5-2）

　　以環保概念設計而成的向日葵太陽能板，在服務區兩旁各有2大座，吸收日光轉換成電能，供應給服務區的壁燈發光使用。

　　結合環保訴求與樂活景觀所設計的向日葵太陽能板，成為吸引用路人駐足拍照的景點，其發電可供庭園照明使用，是力行節能減碳的重要示範設施之一。

圖5-2　高速公路關西服務區的向日葵太陽能板

在花蓮的智能花朵太陽能板：

　　2022年3月3日網路新聞：位於花蓮的台泥DAKA園區，邀請遊客們來這裡「充電、悠閒、慢活」，感受新能源新生活，為了回饋地方，充電站營收也將提撥一定比例，挹注「和平急難救助基金」。

　　2022年7月，我們親自走訪花蓮，果然在台泥DAKA園區的入口，見到三座形如向日葵般的藝術地標佇立著。藉由閱讀文字說明，知道它是來自歐洲的太陽能電池充電站，它們每天緩緩的微調旋轉，保持正面向著陽光開合，展示永續循環與綠色生活科技（圖5-3）。

圖5-3　　花蓮台泥DAKA園區智能花朵太陽能充電站

四、太陽能電池學習的反思和後續活動

太陽能電池是主要的綠色能源之一，也是上個世紀的後起之秀，太陽能電池問世至今未滿100年，所以相關技術尚未臻於完美，仍有許多有待精進的空間。

本章我們用太陽能電池使馬達轉動、玩具四驅車競走、LED燈發光；探討了什麼是太陽能電池：用p-n接面二極體吸收太陽光產生光電流，將光能直接轉變成直流電能輸出，它是半導體中二極體最成功的應用範例。

也將學校課程中的「四季日升日落」主題，和太陽能板做了巧妙的相互關聯，用模型演示讓太陽能電池全年白天正對太陽始終追日。

2023年11月25日，由中央大學天文所主辦2023K-12天文教育論壇（地點：高雄港和國小），筆者以「太陽追蹤器模型」PPT提出專題報告。

大會中主持人葉永烜教授問我：是否能將此手動式模型贈送給中央大學天文所，他們將據此基本型式再加精進，作為助學教具。

為此於2024年1月19日將「太陽追蹤器模型」送到了中央大學天文所（圖5-4）。

圖5-4　將「太陽追蹤器模型」親自送給中大天文所，和葉教授合影。

第十五章

電感升壓電路中的電晶體

常見的電池供電系統，一般會將電池串聯以提高電壓，不過在許多較高電壓的應用中，因為受到空間限制，無法照例串聯足夠多個的電池，以達到所需的電壓，這時加入線圈電感器（inductor）或稱升壓變換器（boost），就可以提升電壓代替所需的電池數量。

像電動車及照明系統就是利用電池再配合升壓變換器供電的系統。

第一節　電磁感應線圈中的電感器

電感器是一種電路元件，藉由電磁感應將電能轉換成磁能，並將磁能儲存起來或轉換成電能，電感器線圈會因為通過電流的改變而產生感應電動勢，從而抵抗電流的改變。電動勢的大小和線圈的匝數成正比，也和穿越線圈的磁通量變動率成正比，此即法拉第電磁感應定律。

電感是由電導材料環繞磁芯製成，典型的如銅線，也可把磁芯去掉或者用鐵磁性材料代替。比空氣的磁導率高的磁芯材料可以把磁場更緊密的約束在電感元件周圍，因而增大了電感。

電感元件廣泛的應用在類比電路與訊號處理過程中。在交流電路中電感器有阻礙交流通過的能力，在電路中常被用作阻流、變壓、交流耦合及負載等；當電感器和電容器配合時，可用作調諧、濾波、選頻、分頻等。

這類電感器同時也是一具能提高電壓的DC-DC轉換器，其輸出電壓

會較輸入電壓為高，工作時還須配合一個電晶體當作高頻自動變換的開關。正因如此主要的DC-DC轉換器技術，須等到1960年代半導體開關上市供應之後，才得以順利發展出來。

當時美、蘇兩強的航太競賽，形成全球科技進化的火車頭，相關產業需要大量體小質輕且高效率而可靠的電源轉換器，帶動各種開關電源（switched power supply）或「交換式電源」快速發展。例如電動車及現代照明系統等等，都是利用電感器再搭配電池，組成複合的供電系統，大幅減少了重量與體積。

像開關電源之類的切換式系統在設計上是一大挑戰，因為其型態和開關何時導通、何時斷路有關。加利福尼亞理工學院的R. D. Middlebrook在1977年發表了現今使用的DC-DC轉換器模型，也帶動了開關電源的成長。

第二節　「焦耳小偷電路」與電晶體

線圈電感器提升電壓：

電感器的另一個重要功能，就是能夠用來取得電池中的殘餘電力。當電池中電力不足時，導致電壓無法驅動一般負載，電池的殘餘電力形同浪費，此時電感器就能化身為著名的「焦耳小偷（Joule Thief）電路」，發揮充分搾取殘電的功能了。

「焦耳」是國際單位制中能量、功或熱量的導出單位，符號為J。焦耳是紀念英國物理學家詹姆士·普雷史考特·焦耳（James Prescott Joule）而命名。

如果無法串聯足夠多個的電池達到所需的電壓，則可用線圈電感器提升電壓，以代替所需的電池供電，參照電路圖加以分析（圖2-1）：

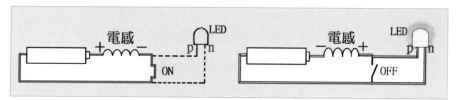

圖2-1　電感儲能飽和後開關-OFF，電感的電流進入LED亮燈。

· 開關導通-ON，此時電感器（線圈）的電流增加，開始產生磁場來儲存能量，電感為了阻止電流的增加，電壓會變成「左正右負」來抵抗電流的變化，見圖2-1-左。

· 開關-OFF電流下降，之前產生的磁場會慢慢減少，電感器的極性倒轉感應出「左負右正」。電感器的電流也就繞道進入LED，見圖2-1-右。

· 電池和電感兩者加起來的電壓，大於可以讓LED燈點亮所需的電壓，燈亮。

電感器釋放能量，輸出電壓大於輸入電壓。

· 在這樣的電路中，可以用電晶體來代替開關，並且它還能表現快速持續反覆自動開與關的功能，又稱「焦耳小偷電路」，可以通過磁感線圈產生高頻脈衝電壓使LED導通。

「焦耳小偷電路」的電子元件與電路分析：

　　2002年Clive Mitchell提出由現代化電子元器件構建的振盪升壓電路，它包含了一個兩組線圈匝數相同的變壓器（電感）、一個電晶體、一個電阻、一個LED和一個1.5V的電池，並將這種電路正式取名為「焦耳小偷電路」。

　　其神奇之處在於：單一顆3號舊電池仍殘留有大約1V左右的電壓，原本不足以驅動LED（一般驅動LED需要2個1.5V的電池），用此電路可以繼續升壓直至榨乾該電池的能量，讓舊電池為LED供電亮燈！

感應電動勢（electromotive force）同名端的極性：

　　上網查看焦耳小偷電路圖，發現它需要逐步分析才能明瞭：

· 電路符號中，在同一磁鐵環芯的兩組線圈上各加一個小圓點，代表「同名端」。兩個磁場相互增強的電流由同名端流入線圈時，依據安培右手定則，同名端感應電動勢的極性相同。

· 開關ON時，線圈L1上的電流慢慢增加，電流經L1流入電晶體的基極B，使電晶體B-E接面開始導通（圖2-2-左），集電極（C）電流也慢慢增大，使得C-E接面導通，集電極（C）端的線圈L2產生變化磁通量（圖2-2-右），使基極（B）線圈L1感應出電動勢，並正向加在電晶體的基極（B）上。

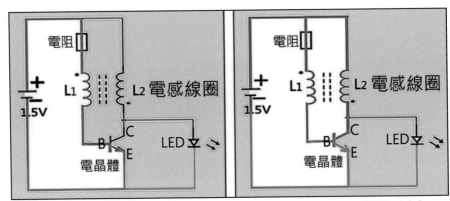

圖2-2　藍色電路：首先電晶體B-E導通（左）隨後C-E導通（右）

· 這個正回饋將持續使L1、L2電流增加，電晶體功能快速放大，此時為了阻止電流繼續增大，L2反映出「上正下負」的電動勢，從同名端的關係來看，L1的電動勢則呈「上負下正」（圖2-3-左）。

· 飽和之後流過L2的電流不再增加，為了使電流繼續增加，L2反映出「上負下正」的電壓，互感的電動勢使L1呈「上正下負」，電晶體因此迅速截止（圖2-3-右）。

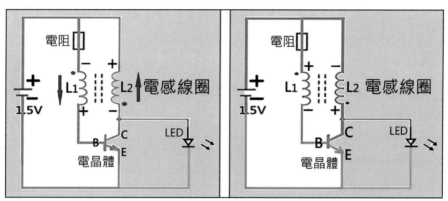

圖2-3　左：電流增加電晶體功能放大，兩線圈電動勢之極性和方向。

　　　　右：電流飽和後L₂為了使電流繼續增加，反映出相反的電動勢，
　　　　互感電動勢導至L₁的極性再反轉，將使電晶體迅速截止。

· 電晶體截止後集電極（C）線圈L_2上的感應電動勢傳送給LED（圖2-4），此時L_2感應出來的電動勢遠遠高於電源電壓，也就是搾取電池的剩餘電壓，用來工作了。

· LED導通後，電感開始放電電流逐漸穩定，當小於LED導通電壓時，電流重新從電感充電，如此新的一輪過程又將開始周而復始。

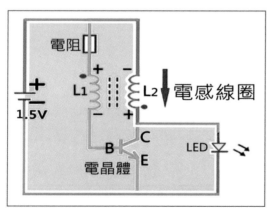

圖2-4　藍色電路：電晶體截止後，L_2的感應電動勢傳送給LED亮燈。

・用電晶體來做這個電子開關，開關的頻率可達每秒4000次。

・LED能夠被週期性點亮，是由於電路利用電感變壓器和電晶體的組合，使電晶體總是處於「導通-飽和-截止」狀態之間不停快速振盪，高頻的電流變化引發高頻的磁場變化，進而能夠感應出高於電源的電壓來點亮LED。

並且在這種高頻率的振盪下，LED的閃爍在肉眼難以觀察，看起來就像是一直亮著的。

・電感升壓變換器也可以用來作一些較小型設備的供電，例如可攜式照明系統，像白光LED一般需要3.3V才能發光，配合升壓變換器可以用鹼式電池提供的1.5V電壓，升壓後再供電。

註：電動勢（electromotive force）

即電流運動的趨勢，能夠克服導體電阻對電流的阻力，使電荷在閉合的導體迴路中流動的一種作用。乾電池就是由化學能提供電動勢的裝置。

通常這能量是分離正負電荷所作的功，由於這正負電荷被分離至元件的兩端，會出現對應電場與電位差。

第三節　焦耳小偷電路的DIY

兩根導線繞製電感再接電晶體和LED：

動手做個簡單的實驗，驗證電感器的功能，在製作焦耳小偷電路時，一定要注意兩個電感線圈的方向相反：

在同一個鐵氧磁環上由兩根不同顏色的導線繞製成為電感，才能符合上一節圖2-2電感線圈中同名端的標示位置（圖3-1）。

・將黃、藍兩條導線纏繞在鐵氧磁環上做成線圈，相當於一個變壓器。

・藍色導線的前端同時連接LED長腳和電晶體集電極（C）（用npn電晶體）。

黃色線的尾端接1 kΩ電阻、再接電晶體基極（B）。

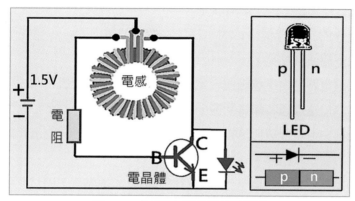

圖3-1　焦耳小偷實物電路圖

・將黃藍兩線的另一端，共同接電池正極。

・LED短腳和電晶體發射極（E）焊接在一起，去接電池負極，LED並聯在電晶體C-E通路上。

・如此搾取殘電使LED亮燈，相當於加了一個1.5 V電池的電力（圖3-2）。

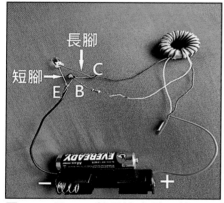
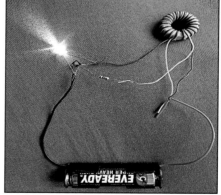

圖3-2　用1.5V舊電池竟然可使LED燈發亮，電感器和電晶體是其關鍵。

．大家可以自行再比較電路圖（圖3-1）和DIY的作品（圖3-2）。

電路的研究、討論和分析：

．LED燈珠的工作電壓為1.7V，高於一個三號電池的1.5V電壓，所以一個電池不能使其點亮。

．電感升壓電路是由電感線圈、電晶體和電阻組成的振盪電路，使電晶體持續處於反覆導通和斷電狀態。

整流是把交流電變成直流電，則震盪就是把直流電變成交流電的反向過程。

．用一個電感器替代一個電池，這時LED仍然無法點亮，因為它的電壓只有一個1.5V。電路中加上一個開關，當開關接通時，電池僅向電感器供電，但是電流在電感器上形成磁場，此過程稱之為電池對電感器充能。當電感器充電飽和時，在電感上形成磁場，同時也產生一個感應電動勢，該電動勢會阻止電流在電感上流過。此時開關斷開，由電池疊加電感器上的電壓對LED燈放電，電壓就高於1.7V，因此可以點亮LED燈。

．電感在這裡充當了一個電池的作用，和普通電池不同的是：電感器的能量是依賴電池不斷給電感充電，然後再對外釋放。

．用電體晶作為自動開關：

電晶體充當了自動開關的角色，電晶體導通時，電感成為負載，電池對電感充能；電晶體斷電時，LED成為負載，電池連同電感二者疊加，實現升壓並向LED放電。

．如此電晶體配合電感形成「通路－斷路－通路－斷路……」持續變化的迴圈。

還須加入電阻保護，以避免電流太大使電晶體受到損傷，就形成了電感的高頻高壓的脈衝振盪電路。

．升壓變壓器為自繞的磁環變壓器，電感器的兩組線圈匝數相同。

焦耳小偷電路──感應電流和電晶體的結合：

最基本的電感器是由線圈所組成，當通過的電流改變時，通過線圈的磁通量會跟著改變。參照法拉第定律與冷次定律清楚可知：電感器本身會產生感應電動勢，試圖阻止磁通量改變。因此，通過電感器的電流，會和驅動電流的外力不同步，而造成電感器的電路自動中斷。

電晶體在焦耳小偷電路中，明顯地展示了它能夠當作開關，又能放大訊號的雙重功能。

所以焦耳小偷這個電路是：

法拉第和冷次的感應電流，和蕭克萊的電晶體兩個重要發明的結合應用。

第十六章

電蚊拍與半導體

　　臺灣偏似高溫潮濕的熱帶氣候，一年之中多數季節難免蚊蟲肆虐，南部幾個縣市甚至年年暴發登革熱疫情，針對這個問題臺灣人發明了電蚊拍（Electric mosquito swatter）（1988年），這一項實用的發明走進了每一個家庭，其後續的改良產品幾乎遍及全球。

　　它使用時只需要放入兩顆1.5V的電池，卻能放出高電壓來擊斃蚊子，其中有何科學奧祕值得探究？依賴什麼樣的工作原理才能讓小兵立大功呢？

第一節　由電蚊拍簡探一般的變壓器

電蚊拍裡的構造元件：

　　打開電蚊拍的握柄，找找看，電蚊拍裡有哪些電路構造元件？首先確定的是電池放置處，接著見到了我們學過的電晶體、電阻，再來見到變壓器（它有同一鐵芯的初級線圈和次級線圈），以及二極體和大小不同的電容，不同廠牌的構造元件略有不同（圖1-1、1-2）。

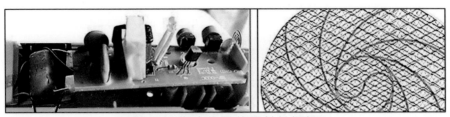

圖1-1　觀察打開的電蚊拍握柄

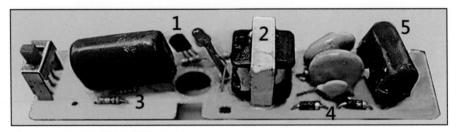

圖1-2　電蚊拍裡的構造元件：
　　　　1. 電晶體　2. 變壓器　3. 電阻　4. 二極體　5. 電容

家電變壓器的構造與功能：

　　電蚊拍裡又見到了國中課本上就學過的變壓器，多數人當時只是看圖學習而已，藉此機會我們先來研究這個元件。

　　不同電器上面的變壓器外型不同。找一個變壓器為例，看看它的上面寫了些什麼（圖1-3）？

圖1-3　左：插座上電器插頭所附的變壓器　右：某變壓器外殼上的標示

· 這個變壓器外殼上寫著：

輸入120伏特（V）交流電（AC）；輸出16伏特（V）直流電（DC）。

所以它可以將牆上電力公司送來的電源，改變了電壓，也改變了電流。

· 要打開圖1-3的變壓器，看看其中的構造再來說明（注意：為了安全，

此時變壓器不可接電）。

第一部分——變壓器上的線圈

· 變壓器上有輸入的電源線（附插頭）和與電器連接的輸出線（圖

1-4）。

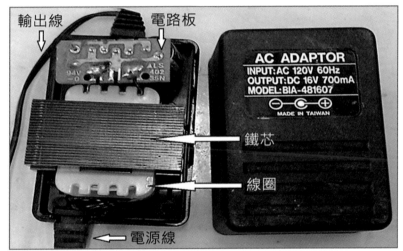

圖1-4　拆開變壓器觀察內部結構

· 絕緣膠帶包著兩組繞在同一鐵芯（core）上的線圈：一組線圈繞的圈數

多，線圈頭尾和輸入線相連；一組線圈繞的圈數少，線圈頭尾和輸出線

相連。

· 電路板下方的四個二極體是橋式整流裝置，可將交流電整流為直流電

（圖1-5）。

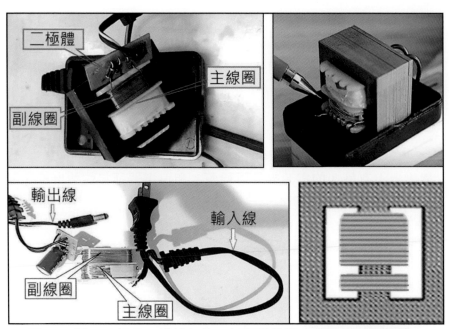

圖1-5　變壓器裡同一鐵芯上的兩組獨立線圈，另有四個二極體。

介紹：

　　變壓器與交流電源相連的稱為主（初級）線圈，接電器的稱為副（次級）線圈。鐵芯為一個封閉磁路，是兩線圈能量傳送之橋樑。為了減少鐵芯內渦電流和磁滯損耗，鐵芯由塗漆的矽鋼片疊壓而成。

　　想想看：主線圈連接交流電源，副線圈並沒有接電，它怎麼會有電傳送給電器呢？

　　這正是法拉第定義的電磁感應！兩組線圈繞在同一個鐵芯上，主線圈須通入交流電產生磁場，磁通量不停地改變，副線圈也就會產生電流方向不停變化的感應交流電了！

　　1831年8月29日法拉第發明了一個「電感環」，這是現代變壓器的雛形，當時只是用它來示範電磁感應原理，法拉第並沒有考慮過它會有什麼實用的價值（圖1-6）。

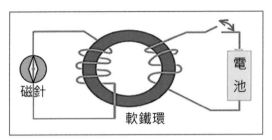

圖1-6　法拉第的「電感環」

變壓器能夠使輸出之交流電的電壓合於某些電器使用，兩個線圈電壓之比，正比於二者之匝數（圖1-7）。生活中有哪些應用的實例？

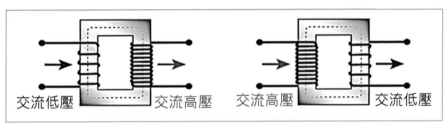

圖1-7　變壓器靠同一鐵芯上兩個線圈的匝數不同，來升高或降低電壓。

輸入方電壓／輸出方電壓＝輸入方線圈圈數／輸出方線圈圈數。

因此可以減小或者增加主線圈和副線圈的匝數比，從而升高或者降低電壓，變壓器的這個性質，使它成為轉換電壓的重要元件。

第二部分──二極體：

・這個變壓器裡有四個二極體，記得在上次學「吹風機」時，就學過了，它們是橋式整流器。變壓器裡空間太小，四個二極體，只好平行排列，它們彼此之間的連接方法仍是橋式整流，可以把交流電變為直流電，並且形成全波整流，得到百分之百的功作效率！

・那次為了演示吹風機中取出的「馬達風扇和橋式整流」轉動的情形，改造了一個變壓器：將120V AC降為16V AC，用低壓交流電做實驗。

　　在二極體旁有個藍色柱狀的濾波電容（Filter capacitor）：這個變壓器整流後又加了並聯電容電路的組合，讓輸出的電流都維持在波峰的狀態，使濾波後輸出的電壓成為穩定的直流電壓。原理是整流電壓高於電容電壓時使電容充電，當整流電壓低於電容電壓時使電容放電，在充放電的過程中使輸出電壓更加穩定（圖1-8）。

圖1-8　變壓器裡二極體旁的濾波
　　　　電容

　　通過電容C_1的濾波，從單向脈動直流電中取出了所需要的直流電壓+U，輸出無波動脈衝且更加穩定的直流電壓（圖1-9）。

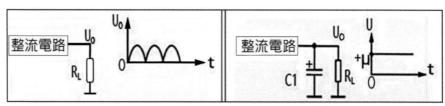

圖1-9　整流後再加並聯濾波電容C_1，輸出波峰穩定的直流電壓。

變壓器感應電流簡易的演示實驗：

　　我們實作仿效法拉第的「電感環」，只演示變壓器通電時，主線圈使副線圈產生感應電流。以螺絲作為鐵芯，先串入圈數多的主線圈，再串入和主線圈並不連通的副線圈，主線圈接上4顆1.5V的電池作為電源，副線

圈接上兩個 LED燈珠（長短腳互接）（圖1-10）。

　　正式的變壓器在同一鐵芯上，主線圈和副線圈輸入及輸出的都是交流電。而此演示實驗則以手動控制電池盒的閘刀開關，發現在通電或斷電的瞬間，有一顆LED燈珠會發亮；如果將電源正、負極和主線圈的兩個接點互換，則換另一顆LED燈珠亮燈，演示副線圈產生了感應電流（圖1-11）。

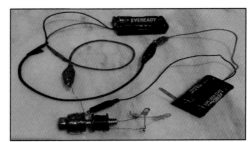

圖1-10　簡易變壓器實驗模型的裝置

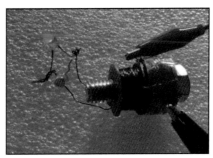

圖1-11　電源正、負極交換，通電或斷電瞬間副線圈LED的亮燈不同：
　　　　左圖僅亮綠色燈、右圖僅亮橙色燈。

第二節　電蚊拍裡的電晶體當了電子開關

電蚊拍裡的升壓元件：

　　電蚊拍只要放入兩顆1.5V的電池，通過升壓電路就能將金屬網之間電壓升高到2000V左右，並儲存在電容器中。

　　當有蚊蟲碰觸金屬網而導通電路時，使儲存高壓電的電容放電，瞬間產生電光及爆炸聲響，將蚊蟲擊斃。

　　電蚊拍的變壓器在同一隻鐵芯內通常有三組線圈，分別標記為L_1、L_2和L_3，先利用「L_1、L_2磁通量變化產生的感應電動勢（electromotive force）」去控制電晶體的開關動作，以升高電壓並產生振盪電路；再利用初級線圈（L_2、圈數少）去感應次級線圈（L_3、圈數多）升高電壓。

　　其中的關鍵技術，還會將直流電DC→交流電AC→再變回直流電DC輸出。

探索電蚊拍裡的電路：

　　探索電蚊拍裡的電路圖（圖2-1），按圖索驥進行分析（不同廠牌的電路設計略有不同）：以下電蚊拍的電路主要參考：YouTube「愛上半導體@idiode」

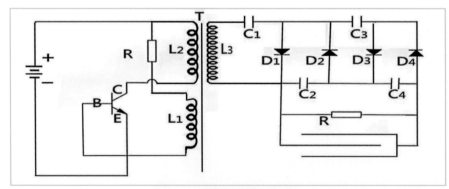

圖2-1　電蚊拍裡的電路

變壓器T、L_1/L_2分別為反饋線圈和初級線圈、L_3為次級線圈；電晶體標示E、B、C極；電阻R；電容C；二極體D_1-D_4；右側末端負載為金屬網。

1.電晶體和兩組線圈協同產生脈衝直流電：

電蚊拍接上電源（3V電池）電流經L1線圈流入電晶體的基極（B），B-E（基極-發射極）接面導通後（圖2-2-左），驅動電晶體C-E（集電極-發射極）接面導通也成迴路，集電極（C）端的線圈L2通電生磁，並正向回饋加在電晶體的基極（B）上，放大線圈充能直至飽和狀態（圖2-2-右）。

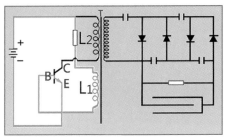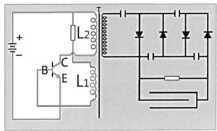

圖2-2 最初通路（藍色）形成，即可驅動並放大電訊通路（橙色）。

· 線圈充能至飽和狀態後，在L_1、L_2兩個線圈上都會產生了與原來方向相反的推動力（感應電動勢）（圖2-3-左）。

· 線圈（L_1、L_2）產生的感應電動勢方向，會減少電晶體的基極（B）電流，此回授最終使電晶體變成不導通狀態（在電路中加入保護電阻，以免回授太強而損壞了電晶體）（圖2-3-右）。

· 如此電路不斷地快速重複這樣的 ON→OFF→ON→OFF狀態，電晶體導通時貯存能量，斷路時則釋放能量。兩組線圈（L_1、L_2）和電晶體協同產生間歇性振盪訊號，轉變成脈衝直流電相當於交流電，並且升高電壓。

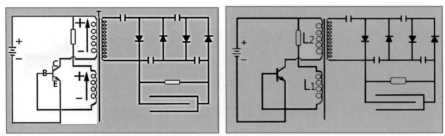

圖2-3　左：電晶體進入飽和區，兩個線圈產生與原來方向相反的電動勢。

　　　　右：接著電晶體進入截止區

2.變壓器升高電壓：

· 當電晶體進入截止區，變壓器初級線圈（L_2）的電路振盪訊號，使同一
鐵芯上的次級線圈（L_3）產生感應電動勢。

· 若L_2：L_3匝數＝1：150，則自激振盪電路使變壓器L_3產生的感應電
流，理論上可由電源3V驟升至450V，並且脈衝直流電形成了交變電流
（圖2-4）。

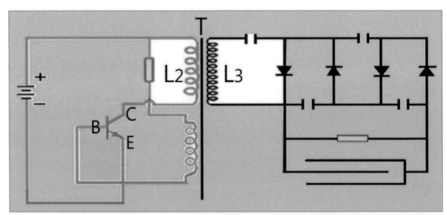

圖2-4　變壓器上的變化：

　　　　· L_2線圈振盪訊號，感應同一鐵芯上的次級線圈L_3產生電動勢。

　　　　· 若L_2：L_3匝數＝1：150，則可由電源DC-3V驟升至AC-450V。

3. 倍壓電路：

變壓器輸出的升高電壓，最後經由四個電容及四個二極體所構成的倍壓電路，使電壓再升到約1800V的高電壓，並整流爲直流電輸出到金屬網。

· 電容C_1（圖2-5-1-左）：

交流電正半週期流過時：L_3的450V存入C_1，C_1電壓爲450V。

· 電容C_2（兩倍增壓）（圖2-5-1-右）：

交流電負半週期流過時：C_1和L_3二者各自的450V都對C_2充電，C_2電壓爲900V，是兩倍增壓。

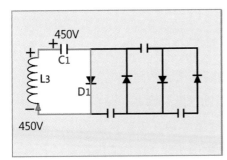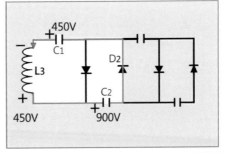

圖2-5-1　變壓器次級線圈L_3的450V交流電，經由兩個電容（C_1、C_2）及兩個二極體（D_1、D_2）所構成的倍壓電路（藍色）和升壓數值。

· 電容C_3（三倍增壓）（圖2-5-2-左）：

交流電正半週期流過時：C_1和L_3電壓極性相反，二者電壓相消，只有C_2給C_3充電，C_3電壓爲900V。此時電路可由C_1和C_3串聯輸出給負載，電壓爲1350V，是三倍增壓。

· 電容C4（四倍增壓）（圖2-5-2-右）：

交流電負半週期流過時：C_2和C_1、L_3電壓極性相反，三者電壓相消，只有C_3給C_4充電，C_4電壓爲900V。

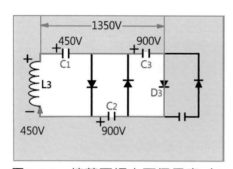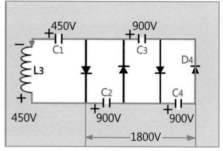

圖2-5-2　接著再經由兩個電容（C_3、C_4）及兩個二極體（D_3、D_4）所構成的倍壓電路（藍色）和升壓數值，同時二極體整流成為直流電輸出到金屬網。

電蚊拍負載處的節電機制：

　　圖中a、b兩點之間的電壓是1800V，所以要在此處加一個「阻質很大的電阻」（R），當斷開電蚊拍的開關時，電容裡面的電壓會通過這個電阻放掉，電蚊拍不用時使電容放電，有助於延長壽命（圖2-6）。

　　電蚊拍的金屬網有三層，外面兩層是連接在電路負載的同一極，如果只觸碰電蚊拍的外側兩面並不會觸電，中間一層是連接在電路負載的另一極，蚊子若是陷進了金屬網中，接通了負載的正負兩極，瞬間就會被高壓電擊斃（圖2-7）。

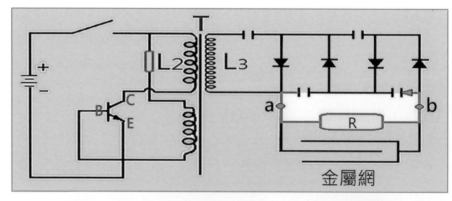

圖2-6　在a、b兩點之間用大電阻（R）作為節電機制

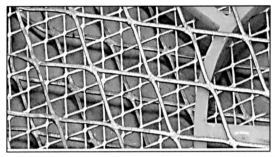

圖2-7　電蚊拍三層金屬網結構放大的特寫

　　當電蚊拍捕捉到蚊子的瞬間，內外兩層金屬網之間高壓放電，如果壓著開關不放，還會看到電光火花閃動，並聽到霹哩啪啦的電擊聲響。

　　雖然電蚊拍的低電流高電壓不至於對人造成立即危險，被電蚊拍電到還是會很不舒服，有心臟疾病者要小心使用，也不要讓兒童當作玩具，才能確保安全。

第三節　焦耳小偷電路的升級版在電蚊拍裡

整理電蚊拍裡的電路：

　　焦耳小偷電路中「兩組匝數相同的電感升壓線圈」和電晶體的組合，使電晶體總是處於「導通-飽和-截止」狀態之間不停快速振盪，高頻的電流變化引發高頻的磁場變化，進而能夠感應出高於電源的電壓來點亮LED燈珠。

　　電蚊拍的電路很像是將焦耳小偷電路中的「兩組電感升壓線圈」稍作變型：一組成為回饋線圈，以便向電晶體提供觸發信號，另一組成為了初級線圈。同樣以高頻率的振盪電路，誘發同一鐵芯變壓器的次級線圈產生升壓的感應交流電。

　　再用二極體、電容和多層鐵網等三種組件，此階段的倍壓電路，使電壓再次升高，並且整流成為直流電輸出（圖3-1）。

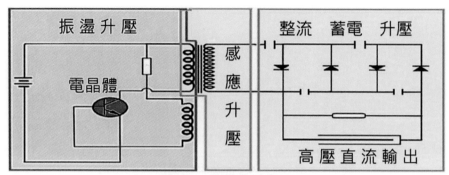

圖3-1　電蚊拍的電路

　　電蚊拍的電路由振盪電路、感應升壓、三（或四）倍壓整流電路和高壓電擊網四部分組成。

　　按下開關導通電晶體時，兩組線圈的感應電動勢去控制電晶體的開關動作，產生振盪電路並升高電壓，又是一個半導體在生活用品中的應用實例。

　　其次線圈變壓器可以用來討論普通物理學之中的磁場和感應電動勢，凡是涉及電與磁的問題，可回歸法拉第與冷次兩大定律，一經探討與檢視對錯立判。

　　而倍壓整流用到了電容和二極體，不斷整流升壓輸出高壓直流電，由高壓電網擊斃蚊子。

　　電蚊拍的設計掌握了電與磁的基本物理、半導體電子零件的功能，規劃電路，即能做出成品完成任務。

第十七章

踢踏舞公仔中的半導體

不少玩具需要使用3V～5V的電池供電，如果能利用廢棄的手機充電器替代電池，可減少乾電池的使用量，降低對環境的不良影響。許多電動玩具還加入了半導體元件。

第一節　手機充電器的回收再利用

手機充電器上註明：將電源110V降壓為5V左右，又可將交流電變為直流電（）（圖1-1-左），我們可以將廢棄的手機充電器回收，替代電池使用。

將手機充電器輸出線原來和手機連接的接頭剪掉，再將連在一起的正負極電線在尾部分開約5公分，可分別接上魚尾夾備用（圖1-1-右）。

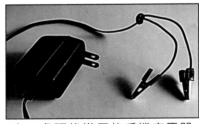

圖1-1　左：某個手機充電器上的標示　右：處理後備用的手機充電器

　　例如：踢踏舞公仔（便利店贈品），它需要用3個1.5V的電池，以實作方式證實我們的想法（圖1-2、1-3）：

　　用LED燈確認手機充電器輸出線的正、負極之後，輸出線的正極連到玩具電池座正極的位置；輸出線的負極連到玩具電池座負極的位置。

圖1-2　左：這個電器需要用5V以下的直流電

　　　　右：用LED鑑定手機充電器輸出線的正、負極

　　通電後看見玩具可以像裝電池一樣，隨著自身播出的音樂，雙腳開始跳起踢踏舞來，可愛極了。

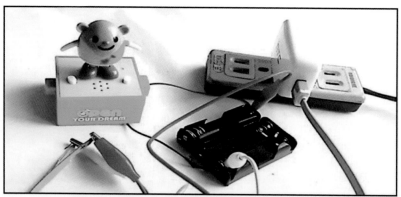

圖1-3　廢棄的手機充電器可替代電池供電

第二節　踢躂舞公仔的結構和電路分析

　　大家對可愛的踢躂舞公仔都很感興趣，除了用廢棄手機充電器代替電池讓它跳舞之外，拿著它仔細觀察，還會發現些什麼？

線圈與磁鐵

　　在它的底座上清楚看到公仔的前方有些小孔，音樂是從這些小孔播放出來的（圖2-1-左）。

　　底座後方的側面有個方形的開窗（註：為方便學習者觀察，事先將它鋸開），看到公仔雙腳下方，左右各有一個線圈，旁邊還有鐵片（圖2-1-右），拿迴紋針測試，發現它是強力磁鐵。

  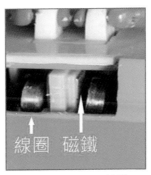

圖2-1　由前方看：底座上有播音孔；由後方看：裡面有線圈和磁鐵。

推論：

　　可能是通電之後，底座裡鐵芯線圈變成了電磁鐵，並且通入的直流電變成了交流電，使電磁鐵的磁極一直改變，和旁邊磁鐵上下吸、斥的位置跟著不斷變化，踢躂舞公仔的雙腳也就能夠上下跳動了（圖2-2）。

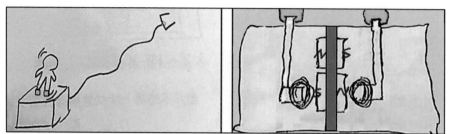

圖2-2　若線圈電磁鐵和磁鐵上下交互吸斥，可帶動公仔雙腳不停跳動。

求證：

　　接著打開踢踏舞公仔的底座，看個究竟！踢踏舞公仔的底座內，有一大片電路板；在公仔前方密集小孔的正下方位置，是一個電磁喇叭，它有淺錐型振膜、線圈和中央的磁鐵；而在公仔雙腳的正下方位置，左右各有一組線圈和磁鐵的裝置（圖2-3）。

圖2-3　踢踏舞公仔的底座內，有電路板、電磁喇叭、線圈和磁鐵。

　　公仔腳底下的線圈繞在鐵芯上，鐵芯固定在和它垂直的塑膠擋片（鐵灰色）上，這組結構可依靠支撐軸作近90度的轉動。

左右兩組線圈之間的隔板，都有上下黏貼的方形強力磁鐵片（圖2-4）。通電時，鐵芯線圈變成了電磁鐵，和磁鐵片產生不斷吸斥的交互作用。

圖2-4　左：左右線圈各自繞在鐵芯上

　　　　中：線圈的鐵芯側面有擋片，防止線圈滑落，還連結著支撐軸。

　　　　右：兩組線圈之間的隔板，上下黏貼兩片方形強力磁鐵片。

積體電路與兩個電晶體

將上層的電磁喇叭翻開，見到電路板中央的黑色圓形物體，是加上封裝的積體電路IC，還有Q_1和Q_2兩個電晶體（圖2-5）。

圖2-5　翻開電磁喇叭，見電路板上的IC和Q_1、Q_2兩個電晶體。

　　電磁喇叭的兩條電線焊接在電路板上的位置，標示著「SPEAKER」的英文字（圖2-6）。

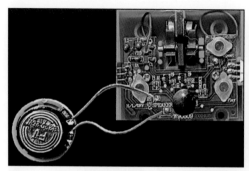

圖2-6　左：翻開電磁喇叭，見到電路板中央黑色圓形封裝的積體電路。
　　　　右：電磁喇叭以電線焊接在電路板上標示「SPEAKER」的位置

還有哪些通電的導線焊接到電路板上？

　　電源線一條焊接在標示「VDD」的地方；另一條焊接在標示「GND」的地方。左右線圈的頭尾分別焊接在標示「L1 ＋」和「L1 －」以及「L2 ＋」和「L2 －」的位置（圖2-7、2-8）。

圖2-7　電路板上紅藍兩電源導線的焊接點，以及線圈頭尾的焊接點。

圖2-8　電路板上，焊接點側標示的英文電路符號：

　　·兩條電源線焊接點：紅色在「VDD」；藍色在「GND」。

　　·線圈頭尾焊接點分別在：「L1 +」和「L1 -」。

電路板上，焊接點側標示的英文電路符號：

·「L1 +」和「L1 -」是線圈頭尾分別接正、負極的意思，「L2 +」和
　「L2 -」是指另一側的線圈……

·其他的可以上網查詢，資料整理的結果是：

　電路圖上和電路板上·GND代表它就是一個電源的負極。

·VDD用於MOS電晶體電路，一般指電源正極。

解釋：

　　經過了這些研究工作，怎麼說明踢踏舞公仔的構造和功能？我們學過
「電磁喇叭、電晶體」等課程，已知電磁喇叭必須用交流電；且電晶體高
速開關的功能，可升高電壓並產生振盪電路，將直流電轉換為交流電訊。

　　此玩具之電路可能是：當電源接上後兩個電晶體Q_1和Q_2組成一個多
諧振盪器，Q_1工作的時候Q_2截止、Q_1截止時Q_2工作。

　　重新讓公仔跳舞，仔細聽、仔細看，發現它的「舞步有輕重快慢的變
化」，這應該是由積體電路和電晶體在控制了。

所以這個踢踏舞公仔的構造和工作原理是：

·直流電輸入後，經積體電路和電晶體轉為振盪交流電訊，才能將預錄的

音樂訊號電流放大，由電磁喇叭播出。

・同時也將交流電傳輸至鐵芯線圈，使其產生交變磁場和交變磁極，電磁鐵和強力磁鐵的交互作用，伴隨著音樂節拍，公仔就能模擬真人一般踢踢躂躂地跳起舞來。

電路板上有很多專業的高深學問，但是經過一系列的學習之後，類似玩具公仔使用的基本的電路，我們也就可以探究出來了。

上網查詢補充資料（維基百科，自由的百科全書）：

踢踏舞（英語：tap dance），Tap為拍打敲擊的意思，同時也是踢踏舞鞋鞋底鐵片的名字，起源於1920年的美國。當時愛爾蘭移民和非洲奴隸把各自的民間舞蹈帶到美國，逐漸融合形成新的舞蹈形式。這種舞蹈的形式比較開放自由，沒有很多的形式化限制。舞者運用鞋底腳掌與腳跟的鐵片，打擊出繁複多變的節奏聲響，加上舞者的各種優美舞姿，形成踢踏舞特有的幽默、詼諧和表現力非常豐富的一種魅力，同時與爵士樂文化一同發展，可與爵士樂團一同即興演出。

第十八章

石英鐘與積體電路

　　石英動力鐘錶自1970年代開始進入市場，和傳統機械動力鐘錶相比，具有精密度高、重量輕、價格低廉等特點，一時風靡全球。幾乎每個家庭都擁有這樣的計時工具，它每天為我們提供重要的報時服務，是一個生活上非常重要的應用科技。人們卻很少去關注到石英鐘（Quartz Clock）的構造和工作原理，也未曾想過它須要靠半導體IC掌控鐘錶裡的機械運轉和計時。

　　而世界上第一片積體電路IC（Integrated circuit）是1959年 美國德州儀器公司的基爾比（J.Kilby）設計的，他將電路上所需的元件如電晶體、二極體、電阻、電容等加以整合，就可以縮小體積，應用在生活上的許多電器之中。

第一節　分析時鐘的鐘面

　　多數人平時對時鐘的鐘面（圖1-1），會看、會用，對其中的細節卻不一定清楚。觀察一個跳秒「恰、恰」聲響的時鐘，試著詳述其外型特徵：

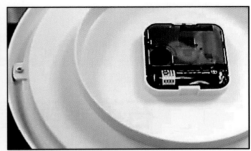

圖1-1　石英鐘的正反面

・鐘面計時之標示：一圈分為12大格、60小格。
・長短不同的時針、分針與秒針都固定在時鐘的中心位置上，由下而上、依序為時針（最短）、分針和秒針（最長）。
・秒針、分針和時針都以順時鐘方向轉動。
・分針轉一圈、同時時針轉一大格，兩者轉速比是：
　60格／5格＝12圈／1圈。
・秒針轉一圈、同時分針轉一小格，兩者轉速比為：
　60格／1格＝60圈／1圈。
・1小時＝60分＝360秒
　時針轉1／12圈、分針轉1圈、秒針轉60圈。

第二節　探索石英鐘裡的馬達

　　我們曾經研究過玩具時鐘，以手動方式令其中的齒輪組帶動指針計時，石英鐘則需要放入一顆1.5V電池作為動力，去啟動齒輪開始工作。通電令機械運動，應該是應用了馬達，所以依序拆下石英鐘的機芯，指針及面盤進行探究（圖2-1）。

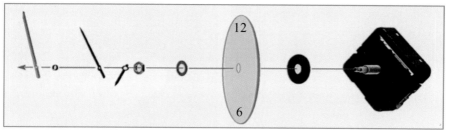

圖2-1　依序拆下指針及面盤，以便探索時鐘的機芯。

剝開機芯的底蓋：卡榫在左右各一，下方也有一個（圖2-2）。

圖2-2　設法由卡榫處剝開時鐘機芯的底蓋，進行觀察。

　　拆開石英鐘，由原來時鐘的底部，看看有些什麼構造？整組構造的下方突起，是原來時鐘的軸心、也是安裝指針的位置。所以拆下的機芯不能平放桌上，必須暫時放在一個小的杯架上（圖2-3-左）。

　　內部有隔板、很多塑膠齒輪分放在上、下層，還有一個線圈。裝上電池，不必將底部的蓋子蓋回去，只要將上、下層齒輪的隔板用手指輕輕壓住，就可以通電了。通電，這些互相嚙合的齒輪就開始規律地轉動（圖2-3-右）。

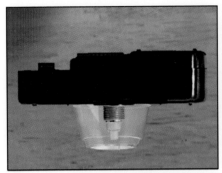

圖2-3-左　拆下底面之機芯不能平放桌上，須暫時放在一個小的杯架上。

圖2-3-右　拆下底面觀察機芯內部：主要有齒輪組和線圈。

鐵芯線圈電磁鐵與磁鐵齒輪：

　　時鐘之內應該有微形馬達，用來推動這些齒輪。看到此處的線圈只繞在U形鐵片的一側，通電之後，它是一個電磁鐵嗎？之前學過玩具裡的小馬達，鐵芯線圈形成的電磁鐵必須和另外的永久磁鐵一起工作，才能推動這些齒輪。

　　另外的那一個磁鐵在哪裡？不加電池，用隻迴紋針來回觸碰測試，鐵芯線圈下方的那個小齒輪，會被迴紋針牽引而轉動，推想這個齒輪下方可能有磁鐵，先在這個小齒輪上「畫點標記」（圖2-4）。

圖2-4　在U形鐵芯線圈末端，用迴紋針找到這個小齒輪的下方有磁鐵。

　　取出嵌合在鐵芯線圈末端的齒輪，下方套著一個環形的磁鐵（圖2-5-左）。用指北針來檢測，確定這個齒輪底面的磁鐵，左右磁極不同（圖2-5-右）。我們可以簡稱它為「磁鐵齒輪」。

注意：實驗操作時，指北針和磁鐵二者千萬避免在上、下方相對的移動位
　　　置，以免指針順向排列的磁鐵原子群，錯亂了排列方向，減弱磁化
　　　的特性。

圖2-5-左　嵌合在U型鐵芯下方的小齒輪，底部有一個環形的磁鐵。

圖2-5-右　此磁鐵兩側的N、S磁極各半圈（紅色：N極、藍色：S極）。

　　以電池通電，使鐵芯線圈變成電磁鐵之後，和永久磁鐵的交互作用，不是應該會以異極相吸的情況靜止在那裡嗎？但是實際上我們卻見到「磁鐵齒輪」在鐵芯線圈下端規律地不停轉動（圖2-6）（圖2-7）！

　　「磁鐵齒輪」下方永久磁鐵的磁極不會改變，難道是U型鐵芯線圈電磁鐵的磁極在不停地互換？如果這樣的想法成立，嵌在U型鐵芯下方的「磁鐵齒輪」就能規律地依著兩組磁極的吸斥作用而轉動了。可以設計模型或動畫來探索。

圖2-6　標示電磁鐵和永久磁鐵二者之磁極。

圖2-7　電磁鐵和磁鐵的交互作用：各圖由左到右依序變化循環不已。
　　　　電磁鐵磁極不停轉換，推動磁鐵齒輪使齒輪組隨之轉動。

用指北針設計驗證「線圈電磁鐵磁極的變化」

　　將上層齒輪都移開，再裝入電池通電（需輕壓隔板使電路暢通）。以小型指北針水平靠近檢測電磁鐵：發現指針果然會規律地來回擺動。表示通電後：鐵芯線圈之N、S磁極真的會規律地互換（圖2-8）。

　　接著在U型鐵芯中嵌入原來的「**磁鐵齒輪**」，再用指北針測試：見到嵌在其中的齒輪也隨之轉動（圖2-9）。

圖2-8　時鐘機芯通電，使靠近的指北針指針規律地來回擺動。

圖2-9 通電，使指北針綠色N極隨磁鐵齒輪上的紅點來回變化。

用LED設計驗證「線圈電磁鐵磁極的變化」（涂元賢設計）：

· 線圈U型鐵芯的反面有電路板，將兩個不同顏色的LED燈珠長短腳互接，以導線焊接在電路板上線圈頭尾的接點處（圖2-10）。

· LED燈珠至少需要用3V電池才能發亮，所以將3V電池另接電線，連接到時鐘電池盒的正、負極上。通電後兩個LED燈輪流發光，表示電磁鐵電流方向持續且規律地在來回變換，並且兩燈發光的間隔時間為1秒鐘（圖2-11）。

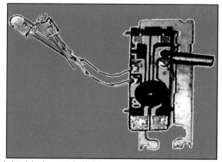

圖2-10 兩LED長短腳互接，以導線焊接在U型鐵芯反面的電路板上。

圖2-11　通電：兩LED輪流發光，表示電磁鐵電流的方向在來回變換。

結論：

・通電：石英鐘裡電磁鐵的磁極來回變換，可用指北針和LED燈珠來檢
測，是由實驗得出的實踐知識。

・一邊觀察一邊計時，發現時鐘裡的「磁鐵齒輪」同向轉動頻率是：每秒
轉半圈。

第三節　石英鐘裡的電流和電路

　　石英鐘裡電池供應的是直流電，其U型鐵芯線圈電磁鐵（定子）的磁
極卻一直在來回互換，因吸、斥互動，使嵌在鐵芯下端的磁鐵齒輪（轉
子），同向一步、一步地轉動，並且有固定的頻率──180°／秒。傳統的石
英鐘會發出「恰、恰」聲，每「恰」一聲是1秒鐘，也就是轉子轉了半圈。

　　先前「用指北針」和「接入LED燈」的兩個實驗、也證實了此事。

疑惑和困擾：

　　石英鐘裡電池供應的是直流電，鐵芯線圈（定子）電磁鐵的磁極為什
麼會規律地在互換？似乎該從石英鐘的電路去探索！

　　將齒輪組中央隔板拿開，見到電池的正、負極分別由兩條金屬片將電
導入。而線圈電磁鐵反面接著一塊電路板，其下端有兩個方形的金屬片，
當正確組合時，即可藉著接觸而通電（圖3-1）。

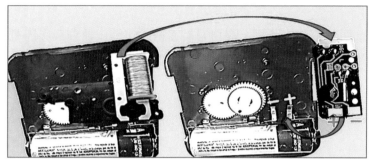

圖3-1　以十、一符號標示：時鐘裡電池兩極與電路板的連接位置。

查詢資料：

· 電路板上黑色的圓形構造，是加了封裝的積體電路（IC, Integrated Circuit）；而那個圓柱形的零件則是石英振盪器（Quartz crystal resonator）；這裡的鐵芯線圈和磁鐵齒輪合稱步進馬達（Step motor）（圖3-2）。

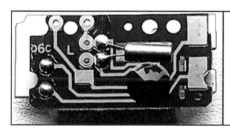

圖3-2-1　兩種石英鐘的電路板（橫放）

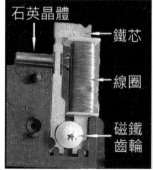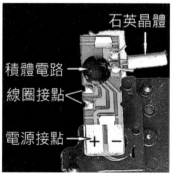

圖3-2-2　左：石英鐘步進馬達　右：步進馬達反面的印刷電路板

觀察與討論：

　　仔細觀察電路的路徑，發現石英鐘裡的電池，並非直接將電導入線圈！電路板上電源將電先通入積體電路和石英晶體，之後才通入U型鐵芯的線圈。因此可以推論：電池供應的直流電，在通入線圈之前，產生了變化？

　　直流電經過積體電路和石英晶體的處理，變成脈衝電訊就有了交流電的特性和精準頻率，因此才促成了鐵芯線圈電磁鐵的磁極會規律地在互換。

第四節　積體電路與石英晶體

　　石英鐘裡積體電路（IC）內部的振盪器，將電源提供的直流電（DC）轉變成交流訊號，接著石英晶體受到此外加交變電場的作用時，會產生反壓電效應（Converse piezoelectric effect）的機械振動，當IC交變電場的頻率與石英晶體的固有頻率相同時，振動變成強烈的晶體諧振。

一、什麼是「壓電效應」

正壓電效應（Direct piezoelectric effect）：
- 當施加壓力在壓電材質的物體時，其體內之電偶極的距離因壓縮而變短，爲抵抗此一變化，在材料相對的表面產生等量之正、負電荷，以保持原狀。
- 若將壓力改爲拉力時，表面兩邊的電位會互換，此物理現象，稱之爲壓電效應，是一種「機電能量互換」的現象（圖4-1）。

逆壓電效應（或稱反壓電效應）：
- 則是以電能輸入壓電材料，使之產生機械能或形變，若是輸入交流電訊，其反壓電效應會使壓電材料產生振盪。

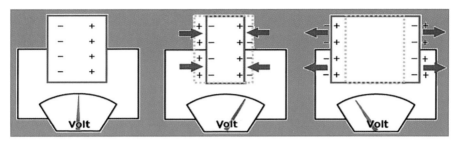

圖4-1　當壓電材質的應變片改變形狀後，會產生電壓。

　　在石英晶體兩側施加壓力時，其兩側就會分別產生等量的正、負電荷，形成一定的電位差，此即石英晶體的壓電效應。反之，石英晶體在交變電場中，隨著電場方向的變化，石英晶體來回伸縮變形，產生反壓電效應的機械振盪。

二、IC的電路分頻

　　石英振盪器在生產的過程中，往往把頻率設置為32768 Hz，這個數字其實是2的15次方。分頻（Frequercy division）就是不斷地將頻率除以2，32768 Hz的頻率經過IC 15次分頻，就能得到週期為1秒的信號了。

　　石英鐘就是利用石英晶體在交變電場中產生的振動，再經過IC電路的分頻，帶動時鐘來指示時間。

三、步進馬達

　　IC將振盪訊號轉化為每秒1Hz的訊號後，由步進馬達（U型鐵芯線圈電磁鐵和永久磁鐵）接收此一訊號產生間歇性的轉動，以推動齒輪系完成運轉，由於石英晶體本身的固有振動頻率很穩定，因此石英鐘得以精確地計時。

　　其中步進馬達定子上缺孔的角度，可穩定地控制轉子的靜止位置。當線圈通電後，定子鐵芯被磁化，並與轉子磁極產生吸斥的交互作用，使轉子產生逆時針方向的旋轉，轉動角為180°，所需時間為1秒鐘。

積體電路和石英晶體的組合，控制了「電流的變換」和「振動頻率」，再去帶動石英鐘錶裡的步進馬達（鐵芯線圈與磁鐵齒輪）開始工作。

四、綜合整理石英鐘的工作步驟及作用機制

電池的電能藉IC積體電路轉換為交流訊號；此訊號使石英晶體產生反壓電效應而轉換為機械能；再加上IC積體電路與石英晶體的諧振，轉換為常規電脈衝：1次／秒，使線圈電磁鐵的磁能隨脈衝電流交替變化；其中的轉子便以180°／秒的步距角轉動，帶動齒輪系的傳動，即由磁能轉換為機械能；使整個齒輪系及指針運作，達成石英鐘計時的目的。

將上列資訊配合石英鐘裡的電路板一起整理，大家合作得出以下概念，並將石英鐘裡電路系統的的工作順序，以圖表顯示出來（圖4-2）：

說明：
- 積體電路使電池提供的直流電，轉變成交流訊號。
　此交流訊號使石英晶體產生反壓電效應：振盪32768次／秒。
- 積體電路檢測晶體振盪，並將其轉換為常規電脈衝：1次／秒。
- 電脈衝驅動步進電機，將電能轉化為交變磁場。
　步進電機定子的交變磁場和轉子磁場的交互作用，使轉子以每秒180°的步距角轉動，帶動齒輪系的傳動。
- 齒輪系的機械能使指針在時鐘面盤轉動，顯示時間。

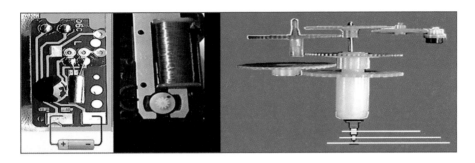

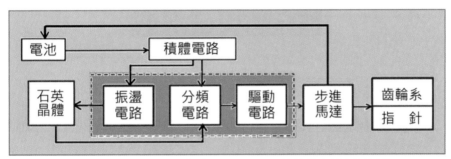

圖4-2　以圖表和文字共同說明：石英鐘的原理和電路

第五節　壓電和反壓電實驗

「壓電效應」一詞聽起來似乎很陌生，其實生活中十分常見。

見過走路時會閃閃發光的鞋子嗎？其中有些鞋墊裡並沒有電池，而是鞋跟裡有一小塊壓電陶瓷片，走路時藉著人體的重量使壓電陶瓷片產生電能，經過導線讓裝飾在鞋上的LED燈發光（圖5-1）。

圖5-1　走路時鞋子會發光

壓電實驗——壓電陶瓷片與LED燈

　　我們學過動圈式電磁感應麥克風的結構和工作機制：聲音使空氣振動，傳給麥克風的振膜，和振膜連接在一起的線圈就會在磁鐵外快速地來回移動，線圈產生感應電流，把聲音訊號轉變爲電流訊號傳播出去（圖5-2-1）。

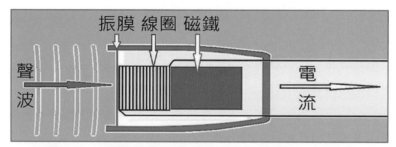

圖5-2-1　動圈式電磁感應麥克風的結構和工作機制

　　所以將電磁喇叭接上一顆LED燈珠，用手拍打振膜，喇叭中的線圈就會在磁鐵外快速地來回移動，線圈因此產生感應電流訊號使LED發光（圖5-2-2）。

圖5-2-2　拍打電磁喇叭，其線圈和磁鐵的交互作用產生感應電流，LED
　　　　發光。

仿照以上的實驗，用壓電陶瓷片替代電磁喇叭：

　　以電線連接LED燈珠和壓電陶瓷片：LED長腳接壓電陶瓷片的金屬片
（正極）、短腳接壓電陶瓷片白色的陶瓷（負極）。

　　一手輕輕握住兩條電線，另一手以手指彈擊壓電陶瓷片，看到什麼變
化（圖5-2-3）？怎麼解釋？

‧手指彈擊時LED燈珠會發光，正是機械壓力轉換為電力的「壓電效
　應」。

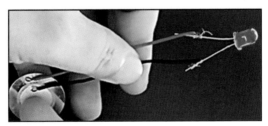

圖5-2-3　彈擊壓電片，LED燈會發光。

壓電實驗——壓電打火機：

　　壓電陶瓷將外力轉換成電能的特性，可以生產出不用火石的壓電打火
機、瓦斯爐點火開關等。

　　壓電式打火機是常見的生活工具，它的主要原理是壓電效應。試試看用壓電式打火機輕輕一按，儲氣罐里的丁烷經過氣嘴噴出並氣化，此時，如果壓柄被按到底，其中的擊錘將會敲擊壓電材料，壓電材料輸出的高壓在正極與負極之間放電產生電弧，電弧引燃丁烷氣體點火（圖5-3）。

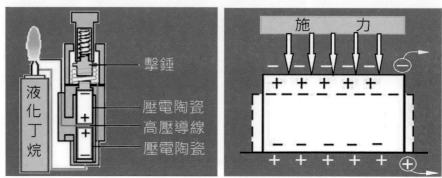

圖5-3　左：壓電打火機的結構　右：壓電陶瓷受壓，產生電壓、放電

逆壓電實驗──空氣加濕器

　　屋內過於乾燥時可使用空氣霧化加濕器，以增加空氣的濕度（圖5-4-1）。檢視加濕器，盛水盒內部底面的正中央有壓電陶瓷片（圖5-4-2-左）。

　　加入純淨水之後通電，壓電陶瓷片會帶動盒中的水一起快速振動，產生跳躍的小水滴和翻騰的水霧（圖5-4-2-中）。蓋上盒蓋後，底部風扇將水霧送出，增加室內空氣的濕度（圖5-4-2-右）。

圖5-4-1　空氣加濕器外觀（左）、去蓋（中）及底面（右）。

圖5-4-2　加濕器

左：盛水盒內底面的正中央，有壓電陶瓷片。

中：通電壓電陶瓷片振盪，產生小水滴和霧滴從頂部湧出。

右：加蓋，水振為霧狀由由頂部小孔向外擴散。

逆壓電實驗——薄形喇叭（圖5-5）

　　有一種「打開會唱歌」的卡片，觀察一下它有哪些構造？裡面有兩顆鈕扣電池、IC音樂電路板、電線和一個壓電陶瓷片，兩塊貼在一起的金

屬片（中間夾著一層塑膠片）。當賀卡打開後，塑膠片抽出，金屬片互相接觸，使電路工作（圖5-5-1）。想想看，這樣的卡片為什麼會唱歌？

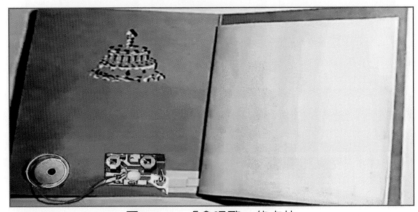

圖5-5-1　「會唱歌」的卡片

　　這裡的電池，並非直接將電導入壓電陶瓷片！電路板上電源將電先通入乳白色圓形封裝的積體電路，之後才通入壓電陶瓷片。

　　推論：電池供應的直流電藉由音樂IC，變成了交流電訊，使壓電陶瓷片像電磁喇叭那樣因「反壓電效應」振動發音！這樣的想法如何證實？

設計驗證與解釋：

　　再拿我們曾經學過的玩具手機，將其中的電磁喇叭移除，留下音樂IC電路板備用（圖5-5-2）（註）。

　　將玩具手機的「音樂IC電路板」，用導線和取自卡片中「壓電陶瓷片上的兩個電極」連接。放入電池通電，壓電陶瓷片送出歌聲，也可以觸摸到壓電片的振動（圖5-5-3）。

　　所以壓電陶瓷片是一種薄型喇叭，可接受交流電訊因「反壓電效應」而振動播音。

註：此音樂IC已將電池的直流電變為交流電輸出，詳見第十一章第三節。

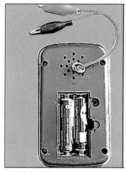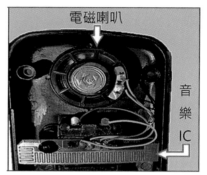

圖5-5-2　由玩具手機中移除電磁喇叭，保留接出導線的音樂IC。

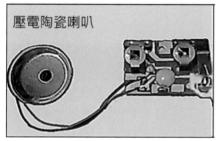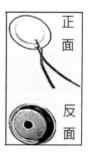

圖5-5-3　壓電陶瓷片是一種薄形喇叭

查詢資料：

· 壓電式蜂鳴片是將壓電陶瓷片黏貼於金屬片上。當加入交流電壓後，會因反壓電效應而產生伸縮的機械變形，利用此特性使金屬片振動而發出聲響。

· 壓電陶瓷片本身在燒製完後非常脆弱，因此把它跟金屬材料黏合；選用硬度合適的黃銅，它的彈性又剛好是人耳可以聽見的音頻共振範圍，所以有放大聲音的效果。

第六節　石英鐘裡的齒輪組

時鐘機芯裡的這些齒輪（由底面觀察），彼此如何傳動並且計時？

一、齒輪組的結構和傳動

加入電池輕壓隔板，此動作相當於底蓋蓋緊才能通電。齒輪要加編號和標示點，以便觀察它們的結構和互相嚙合時的轉動方向，探索內容如下：

觀察報告上層齒輪組的剖面結構（圖6-1）：

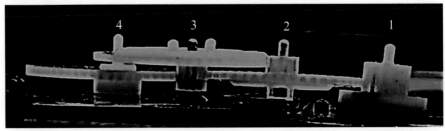

圖6-1　石英鐘機芯裡（由底面觀察）的上層齒輪組（剖面照片）

‧1號齒輪（磁鐵齒輪）很單純，只有上方的一個齒輪；2、3、4號齒輪都各有兩個上、下複合在一起的齒輪，它們是同圓心、彼此是輪軸關係。
‧1號齒輪和2號齒輪下方的大齒輪嚙合
　2號齒輪上方的小齒輪和3號齒輪上方的大齒輪嚙合
　3號齒輪下方的小齒輪和4號齒輪上方的大齒輪嚙合
‧4號齒輪在隔板的下方還有複合的輪軸齒輪

觀察並記錄上層齒輪組互相嚙合齒輪的轉動方向（圖6-2）：

圖6-2　互相嚙合齒輪的轉動方向

　　　1 號磁鐵齒輪逆時鐘方向轉動　　2 號齒輪順時鐘方向轉動

　　　3 號齒輪逆時鐘方向轉動　　　　4 號齒輪順時鐘方向轉動

再繼續觀察隔板下方齒輪組的結構和傳動：

　　先把那些已經看過的齒輪拍照後才取出，以便正確地再裝回去。同時也看到了1、2、3、4號這四個齒輪的軸心都排列在同一條直線上（圖6-3-左）。

　　最後通通裝回去時，壓好上、下層齒輪的隔板，通電：看看這些齒輪是否還能產生傳動。其實也可以整組一起拿下來，大家試試看（圖6-3-右）！

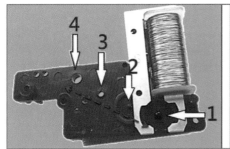

圖6-3　左：第1、2、3、4號齒輪的軸心都在同一條直線上。

　　　　右：隔板上方的整組齒輪可以一起取下。

　　隔板下方有三個齒輪組，分別標號為第5、6、7號齒輪（圖6-4）：5、6兩個齒輪，是各有大小齒輪黏在一起的輪軸：5號齒輪下方的小齒輪和6號齒輪上方的大齒輪嚙合，6號齒輪下方的小齒輪和7號齒輪嚙合。

　　第5及第7號兩個齒輪的軸心，在上、下一條直線上。第5號齒輪的大齒輪下方加貼了金屬片，可減少摩損。

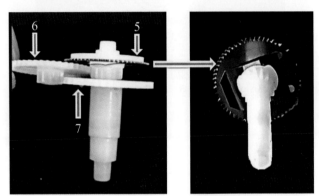

圖6-4　　第5、6、7號齒輪的結構

　　而上層第4號齒輪下方複合的小齒輪很長，裝回去之後可以和第5號齒輪上方的大齒輪嚙合，見圖6-5。

綜合整理石英鐘裡齒輪組的結構和傳動：

　　時鐘裡齒輪系佔據的空間位置很小，不容易拍下整體的實物照片。因此取下所有的齒輪，分別拍攝它們個別的側面，再依照它們實際的嚙合位置，在電腦上組合出整體的照片（圖6-5）（機芯裝配之底面在上方），觀察並說明：

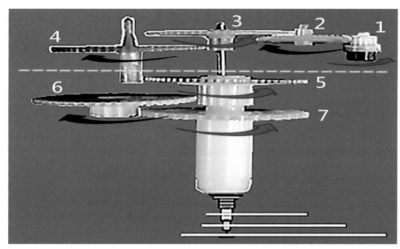

圖6-5　各齒輪的嚙合及轉動方向，其中虛線代表隔板位置。

・1號磁鐵齒輪逆時鐘方向轉動

・2、4、6 號齒輪均作順時鐘方向轉動

・3、5、7號齒輪在同一軸心上，均作逆時鐘方向轉動。

・標示3號者，其中心軸將套上秒針，故稱之爲「秒針齒輪」；
標示5號者，其中心軸將套上分針，故稱之爲「分針齒輪」；
標示7號者，其中心軸將套上時針，故稱之爲「時針齒輪」。

・由指針裝配面看，時針、分針、秒針會一同都向順時鐘方向轉動。

二、時鐘齒輪組與「時、分、秒」的計時

　　須先數出各齒輪之齒數，記錄齒輪組嚙合之實況，才能探究它們如何使指針計時（圖6-6）。

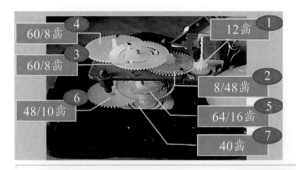

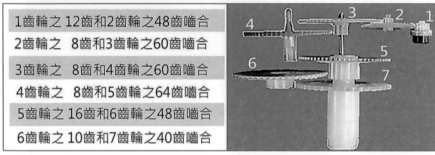

圖6-6　註明各標號齒輪之齒數，並圖示記錄各齒輪嚙合之實況。

動手實際計算的數據：

1.計算「5號分針齒輪帶動7號時針齒輪」轉動之圈數比：

‧5號之小齒輪轉12圈時、轉幾齒？

　16齒×12圈＝轉192齒

‧接著帶動6號之大齒輪也轉192齒，6號齒輪轉了幾圈？

　192齒÷48齒＝4圈

‧6號之小齒輪轉4圈是轉了幾齒？

　10齒×4圈＝40齒

‧會帶動7號齒輪之40齒轉幾圈？

　7號齒輪之40齒轉1圈。

‧故分針轉12圈、時針轉一圈。

2.計算「7號時針齒輪帶動5號分針齒輪」之轉動圈數比：

・7號之大齒輪轉1圈轉了幾齒？

　40齒×1圈＝轉40齒

・6號之小齒輪轉幾圈也轉了40齒？

　40齒÷10齒＝4圈

・6號之大齒輪轉4圈，帶5號小齒輪之16齒轉幾圈？

　48齒×4圈＝192齒；192齒÷16齒＝12圈

・故時針轉1圈、分針轉12圈。

3. 計算3號秒針齒輪帶動5號分針齒輪轉動之圈數比：

・3號之小齒輪轉60圈轉了幾齒？

　8齒×60圈＝轉了480齒

・4號之大齒輪隨之轉幾圈也是轉480齒？

　480齒÷ 60齒＝8圈

・4號之小齒輪轉8圈，帶動5號大齒輪之64齒轉幾圈？

　4號之小齒輪8齒轉8圈＝64齒； 5號大齒輪之64齒轉1圈

・故秒針轉60圈、分針轉一圈。

4. 計算5號分針齒輪帶動3號秒針齒輪之轉動圈數比：

・5號之大齒輪轉1圈轉了幾齒？

　64齒×1圈＝轉64齒

・4號之小齒輪轉幾圈也是轉64齒？

　64齒÷8齒＝8圈

・4號之大齒輪轉8圈，帶動3號齒輪之8齒轉幾圈？

　60齒×8圈＝轉480齒；480齒÷8齒＝60圈

・故分針轉1圈、秒針轉60圈。

依齒輪組之傳動、齒數和圈數，總結它們如何使時鐘計時：

・信號電流發動轉子磁鐵齒輪（1）通過秒針齒輪（3）的運動，帶動分
　針齒輪（5），分針齒輪再推動時針齒輪（7）。

- 編號2、4、6齒輪協助「秒輪、分輪、時輪的轉動合乎需求」，完成計時的功能。
- 分針轉一周是1小時（60分鐘）；時針轉一圈是12小時（半天）；秒針轉一周是1分鐘（60秒）。
- 分針、時針、秒針在鐘盤上分別指出時、分、秒，可以清晰精準地報時。

心得：

　　多數人只知道鐘錶裡面有多個齒輪相互傳動，使指針計時。卻不知這些齒輪的結構如何？加入一顆電池之後又是如何使「時、分、秒」的時間概念精確地呈現？

　　我們經過親身探究，深入認識了石英鐘裡齒輪組的動力結構與傳動功能。而積體電路和石英晶體的組合，控制了「電流的變換」和「振動頻率」，再去帶動石英鐘錶裡的步進馬達（鐵芯線圈與磁鐵齒輪）工作，步進電機定子的交變磁場和轉子磁場的交互作用，使轉子以每秒180°同向轉動，帶動齒輪系的傳動。

　　接著再探究齒輪系，依齒輪組之傳動、齒數和圈數，總結它們如何使時鐘精準計時。

三、底蓋上的「調時齒輪」

　　依圖示，將機芯及指針安裝復原，對準鐘面的12點，依序安裝時針、分針和秒針（圖6-7）。

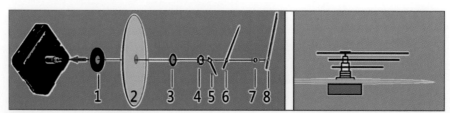

圖6-7-1　左：安裝順序　　　　　　　　右：各指針之間必須平行

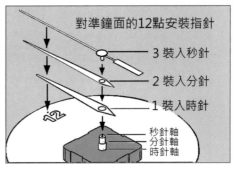

圖6-7-2 左：機芯外安裝指針的軸心 右：指針安裝的圖示

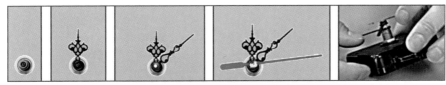

圖6-7-3 指針安裝之實例：依序安裝時針、分針和秒針。

底蓋外側有一個「調整時間的齒輪」，用手撥它，就可以轉動分針，調出當時正確的時間。這是怎麼做到的？

選取一個有透明蓋底的石英鐘機芯，再次打開底蓋仔細探究：「調時齒輪」也是一個複合齒輪，它的「輪」在底蓋之外、「軸」在底蓋之內（圖6-8-左上及左下）。蓋回底蓋時，用手撥動調時齒輪，它的「內軸齒輪」會撥動第6號齒輪，間接帶動了第5號分針齒輪，如此就能完成「對時調整」的工作了（圖6-8-右上及右下）。

「調時齒輪」的設計，使時鐘的精準對時，更方便、更實用。

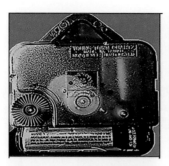
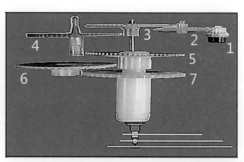

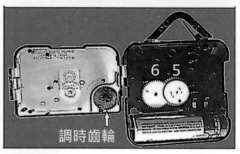

圖6-8　石英鐘用「調時齒輪」調整時間

　　　　左上：機芯蓋底外側的調時齒輪

　　　　右上：機芯內齒輪組的結構

　　　　下：調時齒輪之內軸撥動6號齒輪，帶動5號分針齒輪調整時間。

評價與反思：

　　現代鐘錶工業實際上是緊密結合了電磁學、電子學、半導體科技和精密機械。石英鐘錶是電磁馬達、石英晶體反壓電效應、IC電子電路、齒輪輪軸等科技的綜合應用，其特色為精準度高、普及率高、價格又便宜。

　　石英鐘錶的設計者有著廣泛的科學知識和藝術素養；石英鐘錶的製造者具有高度成熟的工藝技術。

　　本章我們用實際的石英鐘動手探索問題，循著前人的腳步學習，是十分可貴的經驗。探究的重點是針對動力系統的深入學習，我們在其中加入了幾個創新的設計：

‧用指北針鑑定鐵芯線圈通入直流電之後，見到了電磁鐵磁極更替的現象。

‧加入兩個並聯的LED燈珠，鑑定通入的直流電在進入鐵芯線圈時，已變為交變脈衝電流。

‧引導電路板的觀察與探索，接觸生活中半導體的現代科技（IC）。

‧加入實驗探索：壓電和和反壓電效應。

‧以照片結合電腦繪圖，呈現時鐘裡7組齒輪的剖面圖，以便學習者記錄和探索其中嚙合互動的實況。甚至可以延伸去探究60進位的數字系統，那是西元前兩千年蘇美人留下的智慧結晶。

後記──我與半導體的奇妙緣份

　　作者婚後不久就搬到新竹，一直住在現今新竹科學園區附近，這是一個以半導體科技打造的文化科學城，數十年間耳濡目染都不離半導體的方方面面。

　　近一世紀的時間，電子學和半導體融會貫通了電磁知識，配合材料技術的研發，使電子搭著電磁波在空中到處飛翔，以光的速度幫助我們傳遞著各種資訊，促進人類文明的大躍進。我們有幸「生逢其時」體驗到生活方式顯著地在變化。

　　2012年竹科的**台灣應用材料公司**透過與寰宇廣播電台的合作，推出對在地半導體科普推廣的計畫，在雙方盛情邀約之下，我負責設計並舉辦了連續八年「暑期科學種子教師研習」課程，期間和數百位中小學教師們一起探索「生活中的半導體」，從中累積了相當可貴的教學成果，去蕪存菁之後彙整為本書的主要內容。

　　電子學和半導體是當代的兩大尖端科技，就算只是相關的基本知識，學習的門檻也著實不低。我們可以從網路上「電晶體」影片（AT&T Archives: Genesis of the Transistor）或詳參張大凱著作《電的旅程》，探索人類駕馭電子的歷史過程。同時針對各學習主題，筆者「設計實驗」讓大家透過實作、動手動腦去探索半導體在生活中的實例。電晶體精彩研發的過程，見YouTube影片Transistor（共6集）。

　　回首這八年浴「寫」抗戰，一路劈荊斬棘還邊摸著石頭過河，身邊最重要的伙伴就是吾兒致遠，從構思寫作直到完稿三校，母子二人同心協力相互扶持，在交出稿件的此刻，他更提醒：補記這一段我與半導體的奇妙緣份。

國家圖書館出版品預行編目資料

半導體科技一點都不難：有趣實驗帶你認識
生活中的半導體／施惠著. ──初版.──
臺北市：五南圖書出版股份有限公司，
2025.01
面；　公分
ISBN 978-626-423-011-7（平裝）

1.CST: 半導體　2.CST: 半導體工業　3.CST:
技術發展

448.65　　　　　　　　113018728

5DN3

半導體科技一點都不難
有趣實驗帶你認識生活中的半導體

作　　　者 ─ 施　惠（160）

編輯主編 ─ 王正華

責任編輯 ─ 張維文

封面設計 ─ 鄭云淨

出　版　者 ─ 五南圖書出版股份有限公司

發　行　人 ─ 楊榮川

總　經　理 ─ 楊士清

總　編　輯 ─ 楊秀麗

地　　　址：106臺北市大安區和平東路二段339號4樓

電　　　話：(02)2705-5066　　傳　　真：(02)2706-6100

網　　　址：https://www.wunan.com.tw

電子郵件：wunan@wunan.com.tw

劃撥帳號：01068953

戶　　　名：五南圖書出版股份有限公司

法律顧問　林勝安律師

出版日期　2025年1月初版一刷

定　　　價　新臺幣680元

經典永恆・名著常在

五十週年的獻禮——經典名著文庫

五南，五十年了，半個世紀，人生旅程的一大半，走過來了。

思索著，邁向百年的未來歷程，能為知識界、文化學術界作些什麼？

在速食文化的生態下，有什麼值得讓人雋永品味的？

歷代經典・當今名著，經過時間的洗禮，千錘百鍊，流傳至今，光芒耀人；

不僅使我們能領悟前人的智慧，同時也增深加廣我們思考的深度與視野。

我們決心投入巨資，有計畫的系統梳選，成立「經典名著文庫」，

希望收入古今中外思想性的、充滿睿智與獨見的經典、名著。

這是一項理想性的、永續性的巨大出版工程。

不在意讀者的眾寡，只考慮它的學術價值，力求完整展現先哲思想的軌跡；

為知識界開啟一片智慧之窗，營造一座百花綻放的世界文明公園，

任君遨遊、取菁吸蜜、嘉惠學子！